Dank

Ein Dankeschön an alle Katzenliebhaber und ihre Katzen, die mir in all den Jahren Erkenntnisse vermittelt haben, die ich nun mit einem größeren Publikum teilen kann. Gemeinsam sorgen wir dafür, dass Katzen nicht im Tierheim landen.

Ich danke meiner Schwester Jolien und meiner Mama Kristel, die mich immer unterstützt haben, selbst wenn ich mit noch so verrückten Ideen ankam, wie etwa diesem Buch. Ohne Euch hätte Felinova niemals derart wachsen können!

Ein Dank an meinen Papa Jan, dessen weisen Ratschläge und tiefen Erkenntnisse mich niemals unberührt lassen.

Ein großer Dank an alle, die hinter der Buchidee standen und mir durch Lesen der Texte und Gespräche geholfen haben – you know who you are!

Danke, Astrid, meiner besten Freundin und Top-Grafikerin, für die großartige Umsetzung dieses Buches – meine Stütze bei all meinen „kleinen Projekten".

Ein Dankeschön an Bence für die prachtvollen Illustrationen und an Annelies für die Überarbeitung der Texte.

Ebenfalls danken möchte ich meinen Katzentrainern für die ewige Hilfe und Begeisterung. Gemeinsam kämpfen wir für glücklichere Katzen.

Danke an alle, die an Felinova geglaubt haben und weiterhin glauben.

In Liebe, Anneleen

HEEL Verlag GmbH
Gut Pottscheidt
53639 Königswinter
Tel.: 02223 9230-0
Fax: 02223 9230-13
E-Mail: info@heel-verlag.de
www.heel-verlag.de

Deutsche Ausgabe:
© 2020 HEEL Verlag GmbH, Königswinter

Originalausgabe:
© 2017 Anneleen Bru
Felinova Comm. V
Broekdam-Noord 45a,
9150 Kruibeke, Belgien
anneleen@felinova.be
www.ilovehappycats.com

Originaltitel: *I love Happy Cats.*
Handleiding voor een gelukkige kat
Original-ISBN 978-9082772203

Layout: Astrid Vanderborght
Illustrationen: Bence Nerszán Árus

Deutsche Ausgabe:
Übersetzung aus dem Flämischen:
Birgit van der Avoort
Satz: Christine Mertens, HEEL Verlag GmbH
Projektleitung und Lektorat:
Ulrike Reihn-Hamburger

Fotos:
Archiv der Autorin (5, 223)
© unsplash.com: Erica Lang (12), Kari Shea (18), Simone Salmeri (26), Mohamed Nohassi (82), Shubhankar Sharma (108), Ahmed Saffu (142), Koen Eijkdenboom (152), Sarah Dorweiler (180), Jonas Vincent (196)
© Shutterstock: Karamysh (60)
© Kelly De Coninck: Lilly (50), © Tinne Van Wezel of WeazlyPictures: Tuc (54, 174), © Tessa Vermaeren: Fluffy (98), © Hilde Dupon: Admiral (128), © Kim Van Hemelrijck: Basiel (132), © Jan Beckers: Jeanke (156), © Benjamin Jacobs: Mie (168), © Imy Coeckelberghs (190), © Peter Peeters: Anneleen with Savanne and Lilly (202), © Annelise Van Der Wildt: Ksusha (208), © Marleen Van der Auwera: Napoleon (212)
Coverbild: © unsplash.com/Kari Shea, U4: Imy Coeckelberghs

Printed in Croatia

ISBN 978-3-96664-151-7

Was steht in diesem Buch?

Erst einmal schnell das

Es ist ein echtes Privileg, eine Katze im Haus zu haben, und ihr Charisma ist einfach unwiderstehlich.

Dieses Buch richtet sich an alle Katzenliebhaber, egal, ob Sie täglich mit Katzen arbeiten oder ob bei Ihnen zu Hause ein entzückendes Exemplar herumläuft. Ob Sie nun seit Jahren mit dem Katzenvirus infiziert sind oder gerade erst ein Kätzchen adoptiert haben, dieses Buch wird Sie inspirieren, Ihre Katze besser zu verstehen und im Haus kleine Änderungen vorzunehmen, damit Ihre Katze mit jedem Tag etwas glücklicher wird.

Denn die perfekte Harmonie zwischen Katze und Besitzer schafft ein besseres Wohlbefinden, glücklichere Besitzer und weniger Katzen im Tierheim.
Als Verhaltenstherapeutin für Katzen habe ich Hunderte von Haus-Beratungen bei Besitzern hinter mir, die ein unerwünschtes Verhalten ihrer Katzen erlebten. Häufig entstehen diese Probleme durch Missverständnisse oder durch die Interpretation des Verhaltens aus der Perspektive von uns Menschen.

Im Laufe der Jahre kristallisierten sich verschiedene interessante Muster heraus und diese möchte ich mir mit Ihnen zusammen näher anschauen. Wenn wir ungewünschte Verhaltensweisen auflösen oder verbessern, erkennen wir, wie wir diese hätten vermeiden können.

Das Buch liefert eine Zusammenstellung von Erklärungen und Tipps, die wir bei Felinova in den Jahren ausprobiert und für gut befunden haben.

Das Buch möchte Ihnen einerseits helfen, das Verhalten Ihrer Katze besser verstehen zu lernen, indem es Ihnen den theoretischen Ansatz hinter ihrem Verhalten erklärt und so ihr Wohlbefinden verbessern hilft. Andererseits möchten wir, dass Sie als Katzenbesitzer mehr Spaß haben, und geben Ihnen praktische Tipps, die Ihre Katze glücklicher machen und Ihre Beziehung zueinander verbessern wird.

Sie halten also ein Buch voller praktischer Tipps in Händen, die Ihnen helfen, Ihre Katzen glücklicher zu machen – basierend auf wissenschaftlichen Informationen und jahrelanger Erfahrung. Lassen Sie sich inspirieren und vor allem nicht entmutigen, denn natürlich müssen Sie nicht alles (sofort) umsetzen.

Bei all den Ratschlägen, die ich Ihnen als Therapeutin gebe, finde ich es wichtig, dass die Tipps umsetzbar und bezahlbar sind und dass Sie innerhalb von vier bis sechs Wochen eine Veränderung im Verhalten Ihrer Katze feststellen.

Wahrscheinlich haben Sie bereits eine glückliche Katze, aber dann können Sie das Tier mit unseren Ratschlägen und Tipps ja noch etwas glücklicher machen.

Vielleicht beobachten Sie eine Anspannung unter Ihren Katzen oder wissen nicht genau, ob Ihre Katze glücklich ist oder nicht. Sie finden hier zweifelsohne neue Erkenntnisse zum Verhalten Ihres geheimnisvollen Tigers.

Es gibt viele Meinungen und Ideen, wenn es um Katzen und ihr Verhalten geht, und das ist auch völlig in Ordnung, auch wenn einige Ansichten wissenschaftlich fundierter sind als andere. Wir versuchen immer, Respekt vor den Entscheidungen, dem Geldbeutel, der Motivation und der verfügbaren Zeit aller zu haben. Dieses Buch hilft Ihnen, fundiertere Entscheidungen zu treffen und ein stärkeres Selbstvertrauen zu entwickeln, wenn es um Ihre Katze geht, und darum, wie Sie sie behandeln und auf ihre Bedürfnisse eingehen.

Egal, welche Gefühle Sie beim Lesen des Buches haben, folgen Sie Ihrem Bauchgefühl. Sie kennen Ihre Katze am allerbesten. Und wenn Sie etwas aus diesem Buch umsetzen und Ihr Bauchgefühl sagt Ihnen, dass es bei Ihrer Katze nicht funktioniert oder dass es vorher besser war, dann hören Sie auf Ihr Bauchgefühl!

Als letzter Hinweis, bevor es endlich losgeht, sei noch gesagt, dass wir das Leben unserer Katze verbessern wollen, aber dies sollte behutsam geschehen. Sie sollten möglichst nur Dinge ergänzen, aber nicht plötzlich wegnehmen oder ersetzen. Das bringt viel zu viel Unruhe für Ihre Katze. Möchten Sie experimentieren? Lassen Sie alles so stehen, wie es stand, und ergänzen Sie nur an anderer Stelle etwas. Beobachten Sie, ob die Veränderung in den kommenden Wochen funktioniert und nehmen Sie erst dann etwas weg, das nicht mehr gebraucht wird. Sie sollten also nicht wie ein Tornado durchs Haus fegen, sondern ganz langsam zu Werke gehen.

Viel Spaß beim Lesen! Und ich verspreche Ihnen, dass die Beziehung zu Ihrer Katze nicht mehr dieselbe sein wird.

Anneleen Bru
MSC in Animal Behaviour Counselling
(University of Southampton, UK)
Verhaltenstherapeutin für Katzen
Felinova Animal Behaviour Consulting

CRAZY
CAT LADIES
ARE OUT,
HAPPY CAT
LADIES ARE IN!

#ilovehappycats

Let's do this!

Was haben Sie da eigentlich im Haus?

„Ihre Hauskatze ist
genauso programmiert
wie ihre Ahnen.
Seien Sie also auf
etwas gefasst."

Anneleen Bru

HINTERGRUND CHECK IHRER KATZE

Felis silvestris – wer?

Dank umfangreicher DNA- und Verhaltensforschungen wissen wir, dass unsere Hauskatze von der Nordafrikanischen Wildkatze (*Felis silvestris lybica*) abstammt. Dieser Vorfahr unserer Katze lebt in Nordafrika und dem Mittleren Osten und ist ein äußerst territorialer, solitärer und opportunistischer Jäger mit einem großen Repertoire an besonderen Eigenschaften und Gewohnheiten.

Wie jeder erfolgreiche Jäger entwickelte diese Wildkatze eine spezielle Bandbreite an Kommunikationsformen, Konfliktstrategien, Jagdfertigkeiten und Verhaltensweisen, die dem Leben in verschiedenen Habitaten (Steppe, Savanne, Wald, Wüste), Wetterbedingungen und Umständen angepasst sind. Die Nordafrikanische Wildkatze hat allerdings auch mit Einschränkungen zu kämpfen. Dieser Katzenart fällt der Umgang mit anderen Katzen schwer, da sie nie in einer Gruppe gelebt hat und ihre Anpassungsfähigkeit oftmals versagt. Das trägt dazu bei, dass Katzen innerhalb der Familie der *Felis silvestris lybica* äußerst stressempfindlich sind.

Wichtig zu wissen ist, dass Ihre Hauskatze ihrem Vorfahren zum Verwechseln ähnlich ist – dieselben Instinkte, Nöte, Vorlieben und Erwartungen. Jede Katze hat das gleiche Köfferchen zu tragen, egal ob Britisch Kurzhaar, Heilige Birma mit blauen Augen oder echter Tierheimkater.

Die (Selbst-)Domestizierung der Hauskatze ist ein Prozess aus jüngerer Zeit, bei dem die Katze ihr ödes solitäres Leben mit wenig Ressourcen nach und nach zugunsten eines Nahrungsüberflusses aufgibt und sich tolerant zeigt – etwa gegenüber anderen Katzen und Menschen. Und genau das kann der Fall sein, wenngleich unterschiedlich ausgeprägt. Wenn alle Umgebungsfaktoren optimal sind, kann die Katze sogar starke soziale Bindungen zu anderen Katzen eingehen.

Beschreibung der Nordafrikanischen Wildkatze

- Sehr territorial
- Solitärer Jäger
- Schüchtern, versteckt sich schnell
- Beute größerer Raubtiere
- Soziale Kontakte nur während der Paarungszeit
- Rasche Anpassung an die Umgebung
- Vor allem nachts und in der Dämmerung aktiv
- Vermeidet Konflikte, schützt sich durch Flucht
- Frisst mehrfach am Tag kleine Beutetiere
- Jagt Mäuse, Vögel, Insekten, Reptilien und Amphibien
- Trinken hat keine Priorität, wegen hohen Flüssigkeitsgehalts der Beutetiere
- Als solitärer Jäger sehr anfällig, lässt sich keinen Schmerz anmerken

Die Erbanlagen, die unsere Hauskatze von ihren Vorfahren bekommen hat, zeigen sich in an sehr subtilen Verhaltensmustern,
die uns Menschen manchmal seltsam vorkommen, doch oftmals
tief in der Katze programmiert sind, auch wenn sie längst nicht
mehr relevant erscheinen.

Dazu einige Beispiele:
○ Exkremente werden gründlich in der Katzentoilette vergraben,
  denn die Gerüche könnten Raubtiere anlocken
○ Rund um den Futternapf kratzen, um Stücke „zu vergraben",
  aus demselben Grund
○ Feinde anstarren
○ Fremde Katzen als Feinde betrachten
○ Etwa 10- bis 20-mal am Tag kleine Portionen essen
○ Sich beim Fressen und dem Besuch des Katzenklos
  sehr verwundbar fühlen
○ Über ein sehr beschränktes Repertoire an sozialen Signalen
  gegenüber anderen Katzen verfügen
○ Kein soziales Versöhnungsverhalten gegenüber anderen
  Katzen, in der Wüste zogen Katzen sich einfach zurück
○ Täglich feste Strecken ablaufen, um den eigenen
  Lebensraum zu markieren und Pheromone abzusondern
○ Empfindlich auf Stress reagieren, bei Veränderungen und
  neuen oder unbekannten Dingen
○ Sich selbst in Sicherheit bringen
○ Sich keinen Schmerz anmerken lassen

Von ihrem Vorfahren *lybica* geerbte Vorlieben:

○ Weicher Sand beim Toilettengang, wie in der Wüste

○ Erhöhter Platz, um Ausschau zu halten und sich in Sicherheit zu bringen

○ Weicher Untergrund wie Holz und Rinde, um Krallen abzustoßen

○ Fließendes Wasser zum Trinken – statt stehendes

○ Fressen und Trinken von großen Oberflächen, damit die Schnurrhaare nichts berühren

○ Kleine Räume zum Verstecken

„Ihre Katze verstehen
zu wollen beginnt
damit zu realisieren,
dass sie die Welt
anders sieht, fühlt,
hört und riecht."

Anneleen Bru

WIE IHRE KATZE DIE WELT WAHRNIMMT

Ihre Katze sieht nicht, was Sie sehen

Katzen können besser sehen als Menschen, aber sie sehen weniger bunt. Bei der menschlichen Netzhaut kommen auf einen Zapfen (um Farbe zu sehen) vier Stäbchen (um Hell und Dunkel zu unterscheiden, also um scharf zu sehen). Katzen haben pro Zapfen etwa 20 Stäbchen, wodurch sie selbst die kleinste Bewegung in der Ferne wahrnehmen können. Für ihre Überlebenschancen und den Beutefang ist das äußerst effizient.

Katzen können Blau, Grün, Violett und ein wenig Gelb sehen. Farben wie Rot, Rosa, Braun und Orange nehmen sie nur als Grauabstufungen wahr. Sie unterscheiden dafür mehr Grautöne als wir Menschen. Die Farbe einer Beute ist daher aber völlig uninteressant.

Bewegung, Geräusche und Gerüche sind hingegen von großer Bedeutung. Für die Katze spielt der Kontrast zwischen dem Körper des Opfers und dem Hintergrund eine wesentliche Rolle. Haben Sie einen hellen Boden, dann wählen Sie dunkles Spielzeug, ist der Boden dunkel, dann ist helles Spielzeug besser.

Katzen können sehr gut im Dunkeln sehen und kommen im Vergleich zu uns Menschen mit einem Sechstel der Lichtmenge aus. Sie haben eine lichtreflektierende Schicht (das Tapetum lucidum) hinter ihrer Netzhaut, die selbst schwaches Licht reflektiert. Ihre Augen brauchen demnach schon ein wenig Licht. In völliger Dunkelheit kann auch eine Katze nicht sehen.

Katzen können ab einem Meter Abstand scharf sehen. Sie können sich nicht auf Dinge fokussieren, die näher vor ihnen liegen – sie setzen dann Schnurrhaare und Pfoten ein, um etwa Abstand, Ort und Beweglichkeit zu messen. Das bedeutet, dass viele Besitzer nicht richtig mit ihren Katzen spielen, wenn sie ihnen das Spielzeug direkt vor die Nase halten. Die Katze sieht den Gegenstand nur verschwommen, wodurch sie keinen Anreiz hat, sich wirklich mit dem Objekt zu beschäftigen. Manchmal wird dann zu Unrecht gefolgert, dass die Katze nicht gern spiele, was äußerst schade ist, denn eigentlich spielt sie für ihr Leben gern. Die Katze läuft gern hinter etwas her, das sich in einigen Metern Abstand bewegt und wegläuft. Das triggert ihren Jagdinstinkt!

GUT ZU WISSEN – Kennen Sie die Filme auf YouTube, in denen sich Katzen vor einer Gurke erschrecken, die während des Fressens hinter sie gelegt wurde? Das konnten wir als Fachleute nur schwer mit ansehen, da es den Katzen eine Heidenangst einjagte. Ich selbst, aber auch Katzenbesitzer auf der ganzen Welt, haben sofort dazu aufgerufen, das NICHT nachzumachen!

Die Katze frisst in ihrem sicheren Kernraum (später mehr dazu) und erwartet, dass dieser absolut vorhersagbar ist. Eine Katze sieht unter einem Meter nicht scharf, sodass diese Gurke ein großes, unscharfes Objekt ist, das sich von hinten an sie heranschleicht. Ihre Katze wird also nicht nur einmal erschreckt, sondern lernt, dass sie zukünftig in ihrem Kernraum nicht mehr sicher ist. Das fördert Verhaltensweisen wie Angst, Markieren und ein allgemein unruhiges Benehmen.

Also unbedingt unterlassen!

Aus jüngsten Forschungen wissen wir, dass Katzen höchstwahrscheinlich auch ultraviolette Farben sehen können. Äußerst interessant, vor allem, da Katzen Pheromone und Duftstoffe in ihrer Umgebung absetzen, etwa beim Markieren. Es ist also gut möglich, dass Katzen dann nicht nur ein Duftsignal ausscheiden, sondern auch die Farbe erkennen können, die die Wirkung des Signals noch unterstützt.

Sie hören nicht, was Ihre Katze hört

Das Gehör Ihrer Katze ist fein eingestellt, um Beute zu hören. Ein Mensch hört je nach Alter im oberen Bereich eine Frequenz zwischen 5 und 20 kHz. Katzen können bis zu 60 kHz wahrnehmen, was für sie wichtig ist. Denken Sie aber an die elektronischen Geräte, die rund ums Haus aktiv sind und von uns kaum wahrgenommen werden – für die Katze aber deutlich zu hören sind. Es kann während einer Therapie also durchaus vorkommen, dass ich meine Kunden bitte, alle Geräte aus der Steckdose zu ziehen, um einen Unterschied im Katzenverhalten zu bemerken. Elektrisches Rauschen kann auf einige Katzen einen zu starken Reiz ausüben, der sie frustriert und/oder Stress auslöst. Eine Katze kann mehr Wellenlängen hören, was aber nicht bedeutet, dass sie Geräusche, die wir ebenfalls hören, lauter oder stärker hört. Sie kann einfach nur mehr Frequenzen wahrnehmen.

Eine Katze kann außerdem nicht nur die Stärke, sondern auch Höhe und Tiefe eines Geräusches einschätzen und bestimmen, ob Geräusche nah beieinander liegen oder nicht, und nah beieinander liegende Geräusche zudem unterscheiden. Es ist für Katzen lebenswichtig, kleine Beutetiere aufzuspüren und ankommende Gefahren zu hören.

Farben sind für Katzen nicht wichtig

Wenn Sie einen normalen Tierhandel betreten, werden Sie von der Vielfalt an Katzenspielzeug in allen Formen und Farben förmlich überwältigt. Farben sind allerdings für Ihre Katze überhaupt nicht interessant. Form und Material des Spielzeugs können hingegen schon eine Rolle spielen. Für Katzen ist es wichtig, wie eine Beute oder ein Spielzeug riecht, sich anfühlt, klingt (flatternd, zwitschernd) und sich bewegt.

Schöne Farben sind ihnen egal und dienen nur dazu, uns zu animieren, das hübsche Spielzeug zu kaufen. Sie sollten allerdings, wie vorher schon erwähnt, an den Kontrast zwischen Spielzeug und Untergrund, auf dem die Katze spielt, denken.

Das Fell – so empfindsam

Ihre Katze hat ein sehr empfindsames Fell, mit einer ganzen Armee an Rezeptoren, die auf Berührung, Druck, Bewegung, Schmerz und Temperatur reagieren. Als solitäre Jäger haben Katzen nicht viel Köperkontakt mit anderen Artgenossen und nutzen ihr Fell vor allem, um damit Informationen über die Umgebung aufzunehmen.

Das Fell einer Katze ist derart empfindlich, dass sich Reiben oder Streicheln an einer Stelle anfühlen kann wie das 20-malige feste Kratzen an einer Stelle bei uns Menschen. Also nicht liebevoll und sanft, sondern recht unangenehm und irritierend.

Katzen zu streicheln, finden diese von Natur aus überhaupt nicht angenehm, es sei denn, sie haben sich früh (zwischen zwei und sieben Wochen) daran gewöhnen können, am besten, solange sie von der Mutter gesäugt wurden, und assoziieren damit nun etwas Positives. Darauf wollen wir später noch näher eingehen.

Kuscheln und Streicheln ist für uns Menschen sehr wichtig und wir drücken damit unsere Zuneigung aus. Für unsere Katzen ist es am besten, unsere Erwartungen und auch die Art und Weise, wie wir sie streicheln, anzupassen. Belassen Sie es bei kurzen Streicheleinheiten, und zwar möglichst nur am Kopf. Möchte die Katze von sich aus mehr? Dann können Sie sie weiterstreicheln, aber streicheln Sie in Abständen immer nur zwei- bis dreimal.

Und das bringt uns zur Geschichte von der „bösen Katze". Wir wissen inzwischen, dass Katzen als solitäre Jäger nicht viele Signale kennen, um „stopp" oder „genug" auszudrücken, sodass sie recht schnell auf deutliche Signale (wie Beißen, Kratzen oder Ausholen) umstellen müssen, um zu zeigen, dass wir sie genug gestreichelt haben und besser aufhören sollten.

Schnurrhaare – wichtiger, als Sie glauben

Haben Sie schon einmal auf die Schnurrhaare Ihrer Katze geachtet? Sie sind hervorstechende Körperteile, die uns Menschen zeigen, wie es der Katze geht, und dienen ihr auch als Werkzeug zum Sammeln von Informationen. Die Schnurrhaare laufen am Ende spitz zu und verdicken sich zur Haut hin.

Die Katze lokalisiert damit auf weniger als einem Meter Abstand ihre Beute, da sie in unmittelbarer Nähe nur verschwommen sieht, Sie erinnern sich?

Schnurrhaare sind folglich Fühler und sehr empfindlich, um Informationen an die mit ihnen verbundenen Nerven weiterzuleiten.

Diese wiederum sind direkt mit dem Gehirn gekoppelt. Auf diese Weise kann eine Katze trotz ihres schlechten Sehvermögens auf kurze Entfernungen ihre Beute ausmachen und sehr schnell auf jede noch so kleine Bewegung reagieren.

Katzen fühlen mit ihren Schnurrhaaren, ob das Herz ihrer Beute noch schlägt. Sie können dank der Schnurrhaare einfache Duft-stoffe aufnehmen und abgeben.

Außerdem setzen sie ihre Schnurrhaare ein, um einzuschätzen, ob sie mit ihrem ganzen Körper durch eine Öffnung passen. Sto-ßen die Schnurrhaare nicht an die Seiten? Dann passt die Katze hindurch.

„Keine zwei
Katzen sind gleich –
das müssen wir respektieren,
wenn wir sie glücklich
machen möchten."

Anneleen Bru

INDIVIDUELLE
UNTERSCHIEDE
IM VERHALTEN

Katzen-Persönlichkeiten?

Jede Katze verhält sich anders. Und so gern wir bei Katzen auch von „Persönlichkeit" sprechen, so ist das eigentlich ziemlich unpassend. Eine Persönlichkeit zu sein, bedeutet auch immer, als Lebewesen in verschiedenen Situationen ein festes konsequentes Verhalten an den Tag zu legen, und zwar unabhängig von Einflüssen und Zeiten.

Bei Katzen gibt es zu viele äußere Einflüsse, die ihr Verhalten bestimmen, um von einem konsistenten Verhalten zu sprechen.

Bei der Bestimmung des Charakters Ihrer Katze ist es weitaus interessanter, sich anzuschauen, welche Einflüsse dafür sorgen, dass Ihre heutige Katze sich in derselben Situation völlig anders verhält als Ihre frühere Katze, oder zu betrachten, welche Faktoren zu einem anderen Verhalten in unterschiedlichen Situationen führen.

Katzenbesitzer erzählen während einer Beratung häufig, dass „meine vorherige Katze das nie gemacht hat", „meine alte Katze hat das gemacht", oder „die Katze meiner Eltern reagiert ganz anders darauf".

Wie kommt das?

In diesem Kapitel wollen wir uns die verschiedenen Einflüsse auf das Verhalten Ihrer Katze näher anschauen.

Der Charakter Ihrer Katze hat zwei Faktoren

Der Charakter Ihrer Katze wird durch zwei wichtige Faktoren bestimmt. Auf ihrer Basis können vier Kombinationen aufgestellt werden, um eine Katze zu beschreiben. Die zwei Faktoren werden später um allgemeine Einflüsse auf das Katzenverhalten ergänzt.

Dominant? Nein! Selbstsicher!

Faktor 1 ist der angeborene Grad an Selbstbewusstsein Ihrer Katze, vielfach als „Dominanz" oder „Unterwürfigkeit" missverstanden. Dominanz gibt es bei Katzen eigentlich nicht, da sie von Natur aus solitäre Jäger sind und zum Überleben keine feste Hierarchie brauchen.

Der Grad an Selbstsicherheit einer Katze ist angeboren und kann von sehr schüchtern bis sehr selbstbewusst variieren. Dieser angeborene Charakterzug bestimmt zum großen Teil, wie die Katze auf ihre Umgebung reagiert.

Wenn sich eine schüchterne Katze bedroht fühlt, wird sie sich zurückziehen und sich an einem höhergelegenen oder sicheren Ort, wie dem Dachboden, verstecken. Diese unsicheren Katzen neigen bei Stress weniger zum Markieren. Sie halten sich am liebsten zurück, um möglichst nicht aufzufallen.

Eine selbstbewusste Katze wird bei Angst und Frustration jedoch ein aggressives Verhalten wie Ausholen oder Attackieren an den Tag legen. Diese Katzen verstecken sich auch nicht unter Stühlen und Sofas, wenn sie sich nicht gut fühlen, sondern markieren dann.

Schüchterne Katzen haben ein kleineres Revier und sind vorsichtiger, indem sie sich nicht so neugierig zeigen und sich nicht in den Vordergrund drängen.

Selbstsichere Katzen wollen alles sehen und haben in der Regel einen größeren Entdeckungsdrang, was logischerweise auch ein größeres Revier bedeutet.

Sozialisation in den ersten sieben Wochen

Faktor 2 ist die Sozialisation. Eine Katze ist immer an etwas sozialisiert, sei es an ihre Umgebung oder an Lebewesen, die sie in den ersten sieben Wochen ihres Lebens kennengelernt hat.

In der Forschung wird die Sozialisationsperiode als Zeit zwischen der zweiten und siebten Woche definiert. In diesem Zeitraum lernt die Katze, was normal ist und vor was sie sie fürchten muss.

Katzen lernen, indem sie auf eine nicht-invasive oder nicht-intensive Art verschiedenen Reizen ausgesetzt werden, wobei die Tiere immer die Möglichkeit haben, diese zu untersuchen oder sich zu entfernen, wenn sie wollen. Katzenjunge besitzen in diesem Alter noch keine automatische Schreckreaktion, was bedeutet, dass sie nicht alles gleich als bedrohlich erfahren.

Wenn ein Katzenjunges auf einem Bauernhof aufwächst, dann wird es sich später in einer Umgebung am wohlsten fühlen, die dieser ähnelt.

Wenn eine Katze bei Menschen aufwächst, die sich aktiv um die Sozialisation der Katzenjungen kümmern und sie an alle Reize der Menschenwelt gewöhnen, dann wird sich die Katze später in menschlicher Umgebung am wohlsten fühlen.

Und jetzt?

Beide Faktoren (Grad der Selbstsicherheit und Sozialisation) dienen also nicht nur dazu, das Verhalten der Katze zu erklären. sondern sind auch Werkzeuge, um zu verstehen, wie das Wohlbefinden der Katze verbessert werden kann.

Wenn also beispielsweise anhand der Sozialisation einer Katze Katzeneltern ausgewählt werden und das Tier trainiert wird, bestimmte Dinge im neuen Zuhause (oder ganz neu) kennenzulernen, erhöht dies die Erfolgsaussichten der Adoption und das Wohlbefinden von Katze und Besitzer. Zu welcher „Kategorie" Ihre Katze gehört, ist sicher nicht bindend und unumstößlich. So können schüchterne Katzen in einer veränderten Umgebung aufblühen und selbstsicherer werden. Manchmal ist es aber leider auch umgekehrt.

Katzen, die nicht so gut sozialisiert sind, können sich mit ausreichend Geduld und entsprechenden Trainingsmethoden in ihrer Umgebung wohler fühlen, auch wenn sie in jungen Jahren nicht sozialisiert wurden.

Wenn Sie sich eine Katze ins Haus holen, dann schauen Sie zuerst einmal, woher das Tier kommt und wie es die ersten Wochen aufgezogen wurde.

Selbstsicher und gut sozialisiert

Die Katze hat viel Selbstvertrauen und ist als Junges
in der Umgebung sozialisiert worden, in der sie momentan lebt.
Sie ist sehr entdeckungsfreudig und hat nicht gleich vor allem
Angst. Diese Katzen sind immer sofort dabei und schrecken
auch nicht davor zurück, andere Katzen einzuschüchtern
oder ihnen den Weg zu versperren, um ihre Ressourcen (Essen,
Trinken, Spiele …) ganz für sich zu haben. Wenn Sie sich eine
glückliche Katze wünschen, ist dies das beste Szenario.
Aber es ist nicht unbedingt ideal, wenn noch andere,
schüchternere Katzen im selben Haus leben.

Nicht selbstsicher und nicht gut sozialisiert

Diese Katze ist äußerst schüchtern und lässt sich von Dingen
oder Ereignissen in ihrer Umgebung leicht beeindrucken.
Die Katze bekommt schnell Angst, da sie viele Dinge nicht
kennt und nie gelernt hat, dass sie okay sind. Diese Katze
ist äußerst stressanfällig, da sie viele Reize und Erlebnisse
als bedrohlich empfinden. Sie zieht sich zurück, was aber
ihre Situation nicht ändert. Sie lernt auf diese Weise nichts dazu,
und so ändert sich für sie nichts. Diese Katzen sollten
deshalb am besten in eine Umgebung kommen, die
der ähnelt, in der sie aufgewachsen sind.

Selbstsicher und nicht gut sozialisiert

Die Katze hat viel Selbstsicherheit, ist aber nicht an die Umgebung sozialisiert, in der sie lebt. Folglich hat sie häufig Angst vor Dingen in ihrer Umgebung, die sie nicht kennt und als bedrohlich erfährt. Diese selbstsicheren Katzen zeigen ihre Angst durch Aggression, ängstliches Verhalten oder deutliche Kommunikationsmittel wie Kratzen und Markieren. Dieser Katzentyp ist seiner Umgebung gegenüber nicht milde gestimmt. Der selbstsichere Charakter der Katze dient vielmehr als Ventil, um mit den Gefühlen umzugehen, da das Tier tatsächlich an seiner Umgebung etwas ändern kann. Die Katze kann Feinde verjagen oder Duftsignale absetzen, die die Vorhersagbarkeit ihres Reviers erhöhen. Diese Katzen werden in Ihre Nähe kommen und bestimmte Streicheleinheiten akzeptieren, werden sich aber selten auf Ihren Schoß legen und sich stattdessen eher in Ihrer Nähe niederlassen.

Nicht selbstsicher und gut sozialisiert

Diese Katze ist schüchtern, aber gut an ihre Umgebung sozialisiert. Sie zeigt kaum Schreckreaktionen, betrachtet Dinge aber zunächst aus einiger Entfernung, bevor sie sie näher erkundet. Diese Katzen lieben den Kontakt zu Ihnen, werden sich aber erst abwartend zeigen.

Einflüsse auf das Verhalten Ihrer Katze

Neben diesen vier Kombinationen gibt es noch eine Reihe anderer Einflüsse auf das Verhalten Ihrer Katze. Sie bestimmen, warum Ihre Katze auf eine bestimmte Art und Weise reagiert und sich nicht so verhält, wie die Katze des Nachbarn oder „Ihre alte" Katze.

Diese Einflüsse sind keine exakte Wissenschaft und die Kennzeichen oder Kombinationen sind nicht immer und in allen Situationen für alle Katzen gültig. Häufig handelt es sich um einen Mix verschiedener Einflüsse.

Betrachten Sie die Typeneinteilungen im Hinblick auf die zwei Faktoren also nicht als „Schubladen", in die Sie Ihre Katze einsortieren, sondern vielmehr als einen nötigen Hintergrund und als mögliche Erklärung dafür, warum Ihre Katze zu einem bestimmten Verhalten Ihnen oder anderen Katzen gegenüber neigt.

Genetische Abstammung

Aus wissenschaftlichen Studien wissen wir, dass der Charakter des Katzenvaters Einfluss auf das Selbstvertrauen einer Katze hat. Untersuchungen haben gezeigt, dass Katzenjunge von selbstsicheren Vätern ebenfalls mehr Selbstvertrauen haben, sodass sie sich schneller an ihre Umgebung sozialisieren und dadurch freundlicher werden.

Pränatale Einflüsse

Katzenmütter, die in der Schwangerschaft mehr Stress ausgesetzt waren und damit auch einen erhöhten Cortisol-Spiegel im Blut hatten, gebären meist auch reaktivere Junge.

Diese Katzenjungen reagieren ängstlicher und nehmen Dinge häufiger als Bedrohung wahr. Nicht unlogisch: Wenn man in einer Zeit von Gefahr und Stress geboren wird, muss man schnell und effizient auf eine Bedrohung reagieren.

Fellfarben

Früher ging man davon aus, dass Fellfarbe und Verhalten miteinander in Verbindung stehen. Crèmefarbene oder rote Katzen galten als aggressiver und weniger tolerant gegenüber Fremden und als angeblich temperamentvoller.

Inzwischen werden die bestehenden wissenschaftlichen Untersuchungen jedoch stark angezweifelt und wir gehen davon aus, dass es keine verlässliche abschließende Studie gibt, die darauf hinweist, dass bestimmte Fellfarben bestimmte Charakterzüge nach sich ziehen.

Weitere Studien zur Wahrnehmung von Charakterzügen anhand von Fellfarben bei Katzenbesitzern haben allerdings gezeigt, dass ein Zusammenhang zwischen verschiedenen Farben (Weiß, Schwarz, zweifarbig, dreifarbig und Rot) und Charakterzügen wie zurückhaltend, freundlich, intolerant, ruhig oder schüchtern von den Besitzern beobachtet wurde. Hier geht es natürlich lediglich um die Wahrnehmungen der Katzenbesitzer und nicht um nachweisbare Zusammenhänge bei den Katzen selbst.

Farbe ist in jedem Fall nur ein kleiner Bereich in dem großen Feld möglicher Einflüsse auf das Katzenverhalten. Wir sollten uns also nicht allzu sehr darauf fixieren.

Rasse

Katzenrassen werden nicht nur aufgrund ihrer morphologischen und äußerlichen Kennzeichen unterschieden, sondern auch hinsichtlich ihres spezifischen Verhaltens. Hier können sicherlich bestimmte Verbindungen gezogen werden, auch wenn uns kein wissenschaftlicher Beweis vorliegt, der diese Beziehungen untermauert.

So gelten Bengalen als sehr tatendurstig. Östliche Rassen wie Siam oder Balinese hingegen sind sehr aktiv, sowohl vokal wie sozial, und zeigen häufig das Pica-Syndrom (Fressen von nicht essbaren Dingen, wie z. B. Stoff).
Ragdolls sind auf Charakterzüge wie Trägheit und Anhänglichkeit gezüchtet, wie echte Puppen (dolls). Eine Heilige Birma ist unabhängiger, aber trotzdem sozial. Blaue Russen sind schüchterner und Perser zeigen häufiger Verhaltensauffälligkeiten. Wir als Therapeuten berücksichtigen das selbstverständlich, aber die Rasse ist nie der ausschlaggebende Grund oder die Ursache eines bestimmten Verhaltens oder Problems.

Es ist daher auch keine gute Idee, an Rassekatzen andere Erwartungen zu stellen als an normale Haus-, Garten- oder Küchenkatzen. Ob Ihre Katze nun ein weißes Fell oder blaue Augen hat, ein Tabby-Fell oder ein plattes Maul, besondere Streifen oder andere Muster, alle Katzen sind gleich programmiert und haben dieselben Nöte und Instinkte.

Von Rassekatzen wird beispielsweise viele eher erwartet, dass sie problemlos in einer Wohnung gehalten werden können, aufgrund ihres höheren Anschaffungspreises, der Angst, gestohlen zu werden oder weil man befürchtet, dass sie weniger Katzenfertigkeiten besitzen, um im Freien zu überleben. Doch das stimmt überhaupt nicht. Rassekatzen mögen zwar die Außenwelt nicht kennen, aber jede von ihnen hat den Drang, auf Erkundungstour zu gehen, zu jagen oder zu klettern, so wie alle normalen Straßenkatzen oder Tierheimkatzen auch.

Umgebung

Die Umgebung einer Katze hat großen Einfluss auf ihr Verhalten. Eine Katze ist deshalb auch sehr an ihre Umgebung gebunden! Darum lassen wir die Katze möglichst zu Hause. Katzen in eine andere Umgebung zu versetzen, ist nicht nur für sie äußerst stressig, sondern eine Veränderung bewirkt – aufgrund der vielfältigen Einflüsse (Geräusche, Gerüche, neue Dinge …) – auch ein anderes Verhalten als in vertrauter Umgebung.

Ob die Umgebung die Nöte und natürlichen Instinkte der Katze ausreichend berücksichtigt, wird ihr Verhalten gegenüber Menschen und anderen Katzen beeinflussen. Ob die Katze sich tolerant zeigt oder sich sicher fühlt, hängt folglich vom Angebot der Umgebung ab, wie etwa Fressplätze, Trinken, Katzentoiletten, Verstecke, Kratzplätze, Jagdmöglichkeiten und reichhaltiges Futter.

Wir wissen, dass der größte Stressfaktor bei Katzen nicht so sehr das Vorhandensein oder Nichtvorhandensein einer Bedrohung an sich ist, sondern die Möglichkeiten und Wahlmöglichkeiten, mit denen die Katze in ihrer Umgebung konfrontiert wird. Kann sich das Tier an einen sicheren Ort zurückziehen und hat es ausreichend Ruhe? Sind die notwendigen Grundbedürfnisse (Fressen, Trinken, Katzentoilette …) vorhersehbar und sicher zugänglich? Katzen sind durch und durch Opportunisten und behalten gern die Kontrolle!

Wenn Katzen genügend Wahlmöglichkeiten bleiben und sie sich je nach Gefahr in ihrem Versteck sicher fühlen, dann fühlen sie sich insgesamt wohler. Das Angebot zur Befriedigung der Bedürfnisse, die Werkzeuge zur Stressbewältigung und die Anreize in der Umgebung haben einen entscheidenden Einfluss auf das tägliche Verhalten und Wohlergehen der Katze und ihren Umgang mit anderen Katzen und uns Menschen.

Individuelle Vorlieben

Ihre Katze wird nicht nur mit einem ganz eigenen Charakter hinsichtlich ihres Selbstvertrauens geboren, sie entwickelt nach der Geburt und Sozialisation auch ihre eigenen Vorlieben.

Die Vorlieben der Katze zeigen sich beispielsweise am bevorzugten Ort zu fressen und zu trinken, am Geruch der Beute, die sie anregt, an den Stellen, an denen sie gern gestreichelt wird, und daran, welche Stimmen und Personen ihr angenehmer sind, in welchem Körbchen sie lieber schläft oder ob sie lieber auf dem Boden oder weiter oben sitzt, und so weiter.

Die individuellen Vorlieben können sich während des Katzenlebens verändern, und das ist auch der Grund, warum wir in diesem Buch über das Prinzip von „Supermärkten" sprechen, die wir im Lebensraum der Katze einrichten, damit die Katze ihren persönlichen Vorlieben entsprechend eigene Entscheidungen treffen kann.

Gelerntes Verhalten

Jedes Tier, das länger als zwei Jahreszeiten lebt, besitzt ein gewisses Lernvermögen. Jeden Tag lernt es beispielsweise, welche Signale in der Umgebung etwas Gutes bedeuten und welche etwas Negatives. Bei Tieren wird ihre Intelligenz an ihr Lernvermögen gekoppelt – nämlich indem geschaut wird, wie schnell das Tier Assoziationen in seiner Umgebung herstellt. So ist es auch bei Katzen: Sie lernen jeden Tag, mit welchem Verhalten sie am meisten erreichen können.

Wie bereits erwähnt, sind Katzen Opportunisten, sie werden jede Gelegenheit nutzen, um (möglichst ohne große Mühe) etwas zu erreichen, das ihnen wichtig ist, wie Fressen, Aufmerksamkeit, Zugang nach draußen, neue Entdeckungen und Ähnliches.

Das opportunistische Verhalten hat dazu geführt, dass Katzen enorm clevere Tiere sind, die genau wissen, in welcher Situation, bei welcher Person, zu welcher Tageszeit, unter welchen Umständen und sogar in welchem Gemütszustand des Besitzers sie etwas erreichen können.

Katzen laufen den ganzen Tag durch die Gegend und beobachten ihr Lebensumfeld, zu dem wir als ihre Besitzer dazugehören. Sie wissen, welche Bewegungen Sie im Bett kurz vor dem Aufstehen machen, sie wissen, dass das Klingeln des Weckers bedeutet, dass Sie nun aufstehen und ihnen das Fressen hinstellen, und sie wissen nur zu gut, dass sie keine Aufmerksamkeit erwarten können, wenn das Telefon klingelt.

Denken Sie also daran, dass Ihre Katze sehr schlau ist und Sie ihr viele neue Dinge beibringen können. Menschen sagen oder denken oftmals, man könne Katzen nichts beibringen; „sie sind doch nicht so klug wie Hunde". Nun, Katzen sind mindestens genauso klug. Sie sind einfach nicht so leicht zu motivieren.

Diese Eigenschaft ist für uns wichtig, denn sie bedeutet, dass wir das ungewünschte Verhalten von Katzen perfekt ändern können!

Eine Katze lernt immer dazu. Sie wird nicht vergessen, was früher passiert ist, aber sie kann jeden Tag neue Schlüsse daraus ziehen.

Das Verhalten einer Katze hängt also nicht bloß davon ab, was in einem bestimmten Moment passiert, sondern es wird von mehreren vergleichbaren Situationen in der Vergangenheit und von der Reaktion der Katze – ob erfolgreich oder nicht – beeinflusst.

GUT ZU WISSEN – Es gibt keine „falschen" oder „bösen" Katzen. Katzen, die ein Verhalten zeigen, das manchmal als „falsch" oder „böse" bezeichnet wird, sind Tiere, die gelernt haben, dass sie mit anderen klaren Kommunikationsformen und Stresssignalen nichts erreichen. In der Vergangenheit haben sie gelernt, dass subtile Formen, die zeigen, dass etwas nicht in Ordnung ist, keinen Sinn machen, da Menschen oder andere Katzen sie nicht sehen oder verstehen. Sie entscheiden sich zukünftig sofort für die eindeutigste oder erfolgreichste Strategie, von der sie wissen, dass sie funktioniert. Darum gibt es Katzen, die sofort beißen oder ausholen, statt erst zu fauchen oder einen runden Rücken zu machen.

MOTIVATIONEN
& EMOTIONEN

Motivationen & Emotionen

Katzen tun das, was sie tun, aus gutem Grund. So einfach ist das. Wenn Ihre Katze etwas tut, dann fragen Sie sich: „Warum tut sie das?"

Die Gründe, warum Katzen etwas tun, erscheint ihnen vollkommen logisch, und sie haben zu 99 Prozent nichts mit uns zu tun, jedoch etwas mit ihrer Art zu „überleben".

Neben dem Grad des Selbstbewusstseins, der Sozialisation und den Einflüssen auf ihr Verhalten, hat auch die innere Gefühlswelt Ihrer Katze Einfluss auf ihr tägliches Verhalten. Das äußert sich in Motivationen (was die Katze will) und Emotionen (das dabei begleitende, antreibende Gefühl).

Zwei wichtige Punkte, um besser zu verstehen, was Ihre Katze antreibt, das zu tun, was sie tut, sind demnach:

Motivationen

Katzen sind von Natur aus stressempfindlich, aber was ist für sie wichtig, um möglichst wenig Stress zu haben? Was bewegt Ihre Katze, was treibt sie an und motiviert sie und auf was reagiert sie in ihrer Umgebung?

Wir gehen davon aus, dass es fünf Gründe für ihr Verhalten gibt, die sie motivieren, bestimmte Verhaltensweisen zu zeigen:

1. Fressen

Ohne Fressen kann die Katze nicht überleben. Nahrung ist darum der wichtigste Antrieb für ihr Verhalten. Eine Katze wird sich selbst in unsichere Situationen bringen, um an ihr Fressen zu kommen, obwohl sie eigentlich viel lieber an einem sicheren Ort nach einem natürlichen Muster fressen würde. Doch wenn die Situation es nicht zulässt, dann können die Vorlieben sich ändern. Fressen geht über alles!

2. Sicherheit
Als solitären Jägern ist es Katzen wichtig, sich selbst in Sicherheit zu bringen und vor möglichen Gefahren gewappnet zu sein. Die Gefahr vor einem größeren und unbekannten Raubtier lauert selbst in den kleinsten Ecken.

3. Fortpflanzung
Katzen sind genau wie andere Tiere auf ihre Fortpflanzung fokussiert, was zum Teil ihr Verhalten hinsichtlich Kommunikation, Herumstreifen und Aggression erklärt. Das heißt jedoch nicht, dass herumstreunende Katzen im Freien ihr Verhalten nicht beeinflussen können. Diese Motivation ist allerdings für uns weniger wichtig, wenn wir unsere Katzen kastrieren lassen (oder das von Gesetz wegen tun müssen).

4. Schöne Extras
Eine Katze will in ihrem Leben schöne Dinge bekommen, die nicht lebensnotwendig für ihr Überleben sind, wie etwa Aufmerksamkeit, Leckerlis, Zugang nach draußen, Spielzeug und anderes.

5. Unangenehmes vermeiden
Katzen möchten am liebsten alles Unangenehme meiden, auch wenn es nicht lebensbedrohlich ist, wie beispielsweise fehlender Zugang nach draußen, keine Leckerlis und Aufmerksamkeit, spätes Aufstehen des Besitzers und so weiter.

Emotionen

Jedes Tier verfügt über Grundemotionen, um die zuvor genannten lebensnotwendigen Motivationen umsetzen zu können. Das Fühlen einer bestimmten Emotion steuert das innere System, um bestimmte Handlungen auszuführen. Wenn wir ein bestimmtes Verhalten analysieren wollen, dann ist es wichtig, sich die dahinterliegenden Emotionen anzuschauen. So kommen wir zu einer möglichen Lösung für eine Verhaltensauffälligkeit.

Aggression ist beispielsweise eine Folge von Erschrecken, Angst, Frustration oder Vergnügen. Um Aggressionsprobleme zu lösen, brauchen wir also für jede Emotion eine andere Herangehensweise.

Auch wenn die Emotionen von Tieren noch nicht vollständig erforscht sind, so können wir doch mit Sicherheit folgende starke Grundemotionen bei Katzen beobachten, die dafür sorgen, dass sie ein bestimmtes Verhalten an den Tag legen.

Das Verhalten der Katze wird zunächst einmal von Grundemotionen bestimmt (Erschrecken, Frustration, vergnügliche Erleichterung) – also dem, was die Katze genau in dem Moment oder kurz darauf fühlt, wenn etwas passiert. Dem Verhalten der Katze können auch prädiktive, „vorhersehende" Emotionen zugrunde liegen, wie z. B. Angst und Vorfreude, bei denen das Tier bereits ein ähnliches Gefühl hat, wenn es zuverlässige, vorhersagbare Signale in der Umgebung erlebt, die darauf hinweisen, dass etwas kommt, wodurch es die grundlegenden Gefühle haben könnte oder haben wird.

1. Erschrecken

Dieses Gefühl überkommt einen, wenn ein großes Raubtier vor einem steht. Diese Emotion erfordert eine Reaktion wie Flüchten, Kämpfen, Zögern oder Erstarren (flight, fight, fiddle about, freeze), um dem Reiz zu entkommen.

2. Frustration

Dieses Gefühl haben Sie, wenn die Welt Ihren Erwartungen zuwiderläuft. Es ist eine sehr starke Emotion, die zahlreiche Reaktionen auslöst, um das Gefühl zu stoppen.

3. Angst

Dieses Gefühl entsteht, wenn Sie durch Ihre Erfahrung gelernt haben, dass etwas passieren wird, das Frustration oder Erschrecken auslösen kann. Dieses Gefühl ist ohne einen bestehenden Stressfaktor häufig genauso stark wie die Bedrohung selbst. Angst ist ein nicht zu unterschätzendes Problem bei Katzen. Bei Angst ist es nicht nur notwendig, den Stressfaktor selbst zu beseitigen, es muss auch eine neue positive Verbindung zu den Signalen der Umgebung hergestellt werden, die den Stressfaktor auslösen.

4. Vergnügen

Das Gefühl überkommt Sie, wenn Sie etwas bekommen/haben, das ein schönes Gefühl bei Ihnen auslöst – sowohl körperlich als auch mental. Sie möchten das Gefühl festhalten und werden sich so verhalten, dass Sie dieses Gefühl zurückholen können.

5. Erleichterung

Dieses Gefühl entsteht, wenn Sie etwas Unangenehmem aus dem Weg gegangen sind. Auch hier wird sich das entsprechende Verhalten verstärken.

6. Antizipation

Dieses Gefühl steigt in Ihnen auf, wenn Sie etwas Schönes erwarten, ohne dass es schon präsent ist. Denken Sie nur an Katzen, wie sie sich beim Öffnen der Küchentür verhalten, wenn sie wissen, dass Sie ihr Futter zubereiten.

Die Katzen streichen Ihnen schon um die Beine, ohne dass sie das Katzenfutter sehen oder riechen. Die Katze verspürt dasselbe Vergnügen beim Öffnen der Küchentür, weil es in der Vergangenheit verlässlich angab, dass es gleich etwas Leckeres geben wird. Das Geräusch und/oder die Bewegung der Küchentür löst folglich ähnliche Gefühle aus.

Diese Emotionen laufen je nach Tierart (primäre Emotionen) und Individuum (sekundäre Emotionen) ab. Katzen erwarten von ihrer Umgebung bestimmte Dinge, doch diese spezielle Katze hat aufgrund eigener Vorlieben bestimmte Erwartungen. Das, was ihr wichtig ist, wird bestimmte Reize in ihr auslösen.

Das Verhalten Ihrer Katze verstehen

„Katzen haben keine komplexen Gedanken, deshalb ist ihr Verhalten einfach zu deuten. Erst wenn wir es in menschlichen Begriffen interpretieren, liegen wir falsch."

Anneleen Bru

VERHALTEN
INTERPRETIEREN

Unsere Sprache unterscheidet sich drastisch von der Sprache der Katzen

Es ist nicht immer einfach, unsere Katzen zu verstehen. Wir neigen schnell dazu, ihr Verhalten nach unserer eigenen Kommunikation, unserem Verhalten und den menschlichen Gewohnheiten und komplexen Gedanken zu beurteilen. Dieses Prinzip nennt sich Anthropomorphismus – wir sollten ihn bei der Beobachtung des Katzenverhaltens tunlichst vermeiden, denn er führt zu Missverständnissen und Frustration.

Katzen können nicht komplex denken, sodass sie nicht in die Vergangenheit oder die Zukunft denken und sich auch keine alternativen Szenarien zur gegenwärtigen Situation überlegen können. Katzen leben im Hier und Jetzt.

Nichtsdestotrotz interpretieren ihre Besitzer regelmäßig ihr Verhalten als neidisch, störrisch, faul, böse oder enttäuscht. Es gibt aber wirklich keinen Hinweis darauf, dass Katzen diese Art komplexer zeitbezogener Gefühle haben.

Verschiedene Verhaltensweisen unterscheiden

„Verhalten" ist ein recht vager Begriff, der vieles umfassen kann und alle Verhaltensmuster einer Katze abbildet. Einige Verhaltensweisen beziehen sich auf die Wahrnehmung bestimmter Trigger in der Umgebung, die die Katze mit ihren Sinnen aufnimmt. Andere Verhaltensweisen sind eine Reaktion darauf.

Die Reaktion der Katze hängt von einer langen Liste möglicher Einflüsse ab. Es ist also wichtig, zunächst diese Einflüsse zu gliedern.

1. Einfluss externer Reize
Was triggert die Katze? Was ist ihr wichtig, was löst etwas in ihr aus, sowohl als Katze als auch als Individuum.

2. Sinneswahrnehmung
Wie nimmt die Katze die Welt wahr? Was sieht, hört, riecht und fühlt sie? Welche Körperteile setzt sie dazu ein?

3. Verarbeitung der Informationen
Die äußeren Reize werden durch eine innere Mangel gedreht aus Einflüssen, Instinkten, Motivationen, Emotionen, Charakterzügen und Erfahrungen.

4. Reaktionsverhalten
Die Katze reagiert nach besten Kräften, und ihr Verhalten zeigt deutlich, wie sie sich dabei fühlt.

„Ihrer Katze innerhalb ihres Reviers autonome Entscheidungen zu ermöglichen, ist der Schlüssel zu ihrem Glück."

Anneleen Bru

DAS REVIER
IHRER KATZE

Das Revier kennenlernen

Das Revier Ihrer Katze besteht aus drei großen Teilen. Im Folgenden werden die drei Gebiete grafisch voneinander abgegrenzt vorgestellt, aber in der Realität besteht das Revier eigentlich aus vielen kleinen Teilen, Stellen und Durchgängen, die zusammen die drei Räume bilden.

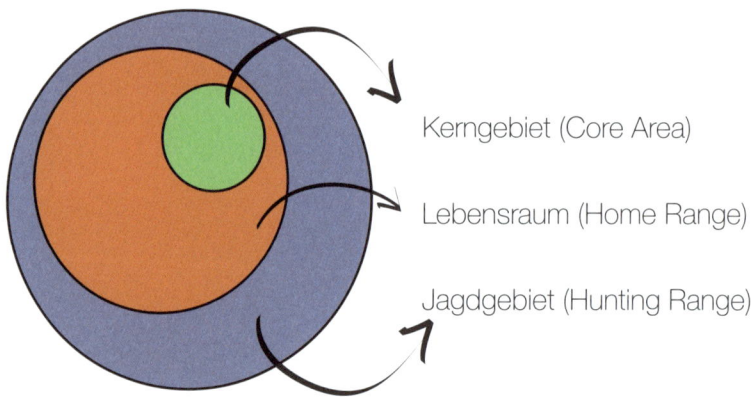

Kerngebiet (Core Area)

Lebensraum (Home Range)

Jagdgebiet (Hunting Range)

Für eine gute und klare Übersicht gehen wir von der Tatsache aus, dass jede Katze Recht auf ein eigenes Revier mit drei Räumen hat, das sie nicht mit anderen teilen muss. Hier kann die Katze ihre Instinkte und ihr normales Verhalten an den Tag legen, Energie loswerden und sich sicher fühlen.

Katzen können Bereiche ihres Reviers freiwillig mit anderen Katzen teilen, aber das ist von Fall zu Fall verschieden und hängt auch von der Umgebung ab. Wenn es noch andere Katzen gibt, dann sollten die Katzen möglichst gut miteinander auskommen.

Das Revier einer Katze besteht also aus drei Teilen: einem kleinen Kerngebiet (core area), einem Lebensraum (home range) und einem Jagdgebiet (hunting range).

Es ist sehr flexibel und verändert sich fortlaufend (sowohl in der Größe als auch im Inhalt der Teile), je nach getroffenen Entscheidungen und Vorlieben der Katze: wo ist sie sicher, wo findet sie Beute, wo fühlt sie sich wohl und wo findet sie „schöne Sachen"?

Andere Einflüsse sind der sexuelle Status (kastriert oder nicht), das Maß an Selbstvertrauen, vorher gelerntes Verhalten, Anwesenheit einer zweiten Katze, Beziehungen zu anderen Katzen im Haus, etc.

Was möchte die Katze hier vor allem machen?

Core Area Kerngebiet	Home Range Lebensraum	Hunting Range Jagdgebiet	
•			Mit Gruppenmitgliedern teilen
•			Sicher fressen
•			Sicher trinken
•			Sicher schlafen
	•		Trinken
	•		Katzentoilette benutzen
	•		Feste Laufstrecke beibehalten
	•		Kommunikation durch Kopfstöße
		•	Kommunikation durch Kratzen
		•	Kommunikation durch Markieren
		•	„Time-Sharing"

GUT ZU WISSEN – Kennt man das Revier, erklärt sich auch viel des Verhaltens. Was halten Sie von folgenden Erkenntnissen?

> Katzen fressen ihre Beute am liebsten an einem sicheren Ort, in ihrem Kerngebiet. Darum bringen sie ihre Beute mit nach Hause. Sie wollen die Beute nicht gleich fressen, denn Katzen bekommen von uns Leckerlis und Nassfutter. Geschenke? Eher nicht …

> Reviere sind flexibel und können sich fortlaufend verändern. Haben Sie schon erlebt, dass Ihre Katze monatelang am selben Ort schläft und plötzlich nicht mehr? Diese Veränderung bedeutet auch eine Verschiebung ihres Kerngebietes und das ist vollkommen normal!

Es stimmt, dass Katzen sich im Jagdgebiet auf „Time Sharing" einlassen. Mithilfe von Duftstoffen kommunizieren sie miteinander, um den Raum untereinander in verschiedene Zeiten aufzuteilen und das Gebiet so effektiv wie möglich zu nutzen, ohne sich in die Quere zu kommen.

„Morgens nimmst du den Bereich, abends nehme ich ihn" und „tagsüber ist das mein Bereich und nachts ist er für dich" – das funktioniert prima, vor allem bei Katzen, die notgedrungen ein kleineres Revier nutzen müssen, etwa im städtischen Umfeld.

Je nach Wohnort und -umfeld müssen Sie die bisherige Vorstellung vom Revier einer Katze neu definieren.

Wenn Sie in einem großen Haus wohnen, dann liegen Kerngebiet und ein Teil des Lebensraums im Haus und der Rest außerhalb davon.

Leben Sie in einer Wohnung und Ihre Katze kann nicht nach draußen? Dann liegen alle Räume innerhalb Ihrer vier Wände. Dann stimulieren Sie am besten alle Gebiete und schaffen Anreize innerhalb der Wohnung. Natürlich nicht alles gleichzeitig, denn die Katze muss an den geeigneten Stellen vorbeilaufen, wenn sie frisst, jagt, spielt, sich kratzt, klettert usw.

ÜBUNG – Zeichnen Sie einen Grundriss von Ihrem Haus und kopieren Sie ihn zweimal. Markieren Sie auf dem ersten Plan alle Ressourcen, die Ihrer Katze zur Verfügung stehen.

Auf dem zweiten Plan markieren Sie nun alle Stellen, an denen Ihre Katze gern verweilt oder ein bestimmtes Verhalten zeigt (Schlafen, Fressen, Trinken, Jagen). Zeichnen Sie nun auf einem dritten Plan alle Änderungen ein, die Sie umsetzen können, damit die drei Räume der Katze besser voneinander getrennt und damit verbessert werden. Setzen Sie die Veränderungen innerhalb von sechs Wochen Schritt für Schritt um, indem Sie zusätzliche Ressourcen hinzufügen, und beobachten Sie dann, ob sich das Revier der Katze verschoben hat...

„Katzen sind Einzelgänger
durch Notwendigkeit und gesellig
durch persönliche Vorliebe."

Anneleen Bru

SOZIALES VS. SOLITÄRES VERHALTEN

Sozial oder solitär?

Fallen wir sofort mit der Tür ins Haus: Katzen sind weder sozial noch solitär. Eine Katze passt sich der Situation an, je nach Verhalten einer anderen Katze, ihren eigenen Erfahrung als Junges und als ausgewachsene Katze und ihrem angeborenen Charakter (sehr sozial – nicht sozial), und auf der Basis, ob sie in ihrer Umgebung ihre Grundbedürfnisse befriedigen kann.

Katzen entwickelten sich über Tausende von Jahren zu solitären Jägern. Hat sie aber die Wahl, möchte sie evtl. nicht immer solitär leben. In der trockenen Savanne gibt es nicht genug zu fressen, um ganze Gruppen von Katzen zu ernähren, sodass Katzen lediglich kleine Beutetiere jagen.

Eine Gruppe mit einer festen Hierarchie ist daher für Katzen nicht notwendig. Die einzigen Momente, in den Katzen in freier Wildbahn zusammentreffen, ist während der Paarungszeit und wenn die Katzenmütter Junge haben. Gibt es zu wenige Möglichkeiten, die Grundbedürfnisse zu befriedigen, dann bleibt jede Katze für sich.

Soll das heißen, alle Katzen seien lieber sozial und hätten gern andere Katzen um sich? Nein, ganz sicher nicht! Auch Katzen haben noch immer einen individuellen Charakter, der durch angeborene Eigenschaften beeinflusst wird, aber auch durch Sozialisationsperioden (bis zu 16 Wochen), in denen ein Junges lernt oder nicht lernt, welche sozialen Signale in bestimmten Situationen funktionieren.

Daneben gibt es (genau wie bei uns Menschen) Beziehungen untereinander. Manchmal macht es bei Katzen klick, manchmal nicht. Die Beziehung untereinander wird durch frühere Erfahrungen beeinflusst, die sie mit anderen Katzen gemacht haben.

Katzen sind
keine Einzelgänger,
aber sie jagen einzeln.

Gehen Sie nicht davon aus, dass sich Ihre Katze gut mit einer anderen Katze arrangieren kann, auch wenn es zwischen ihr und Ihrer vorherigen gut gepasst hat. Diese unrealistische Erwartung kann zu Spannungen im Haus führen.

ACHTUNG!

Die Grundlagen, die Katzen brauchen, um sich gegenseitig zu tolerieren, sind erstens eine langsame, stufenweise Gewöhnung aneinander und zweitens das Bereitstellen ausreichender Grund-ressourcen im Haus, wie Fressplätze oder Verstecke. Diese zwei Grundbedürfnisse stellen sich sowohl in der Theorie als auch in meiner Praxis immer wieder als absolutes Muss für Katzen heraus, um tolerant miteinander umzugehen.

Selbst wenn Ihre Katzen sozial geboren werden, eine gute Sozialisa-tion erhalten oder sich untereinander gut verstehen, kann das alles zunichte gemacht werden, wenn zu wenige Ressourcen für Ihre Katzen vorhanden sind, damit sie ihr eigenes Ding machen können, ohne sich dabei im Weg zu stehen.

Soziale Gruppen im Haus

Katzen können im Haus soziale Gruppen bilden. Diese Gruppen werden von Katzen geformt, die sich gut verstehen, zusammen schlafen, spielen, sich putzen und sich so gut wie nie anfauchen.

Diese Katzen werden einen Teil ihres Lebensraums miteinander teilen oder sich auf jeden Fall bei gemeinschaftlicher Nutzung tolerant zeigen. Das Kerngebiet ist für alle individuelle Katzen heilig und diesen teilen sie lieber nicht miteinander.

ÜBUNG: Erstellen Sie eine Übersicht der sozialen Gruppen im Haus, indem Sie die Namen Ihrer Katzen hier notieren:

Spielen miteinander ....

Putzen sich gegenseitig ....

Reiben sich oft aneinander ....

Besuchen sich tagsüber gegenseitig ....

Schlafen nebeneinander (< 25 cm) ....

Starren sich an ....

Knurren und/oder fauchen sich an ....

Laufen vor einer anderen Katze davon ....

Jagen einer anderen Katze hinterher ....

Kämpfen miteinander ....

TIPP – Wir arbeiten mit der Regel, mit weniger als 25 cm Abstand mit zugewandten Mäulern zu schlafen. Es ist nämlich nicht so, dass zwei auf einem Bett schlafende Katzen auch derselben sozialen Gruppe angehören. Es ist gut möglich, dass beide gleich motiviert sind, hier zu liegen und sich zu tolerieren. Schauen Sie sich an, wie weit sie voneinander entfernt liegen und ob sie mit den Mäulern zueinander liegen oder diese weggedreht haben.

Bowen und Heath haben eine schöne Übersicht über die sozialen Beziehungen oder sozialen Gruppen zwischen Katzen aufgestellt:

Paare	Ein Katzenduo, meist „Nestgenossen", die freundlich miteinander umgehen.
Cliquen/ Fraktionen	Gruppen von drei oder mehr Katzen, die freundlich miteinander umgehen, sich aber gegenüber anderen Katzen der Familie aggressiv zeigen können.
Soziale Vermittler	Diese Katzen zeigen und empfangen freundliche Signale von Katzen aus verschiedenen sozialen Gruppen (die nicht miteinander auskommen) und verteilen auf diese Weise den gemeinschaftlichen Gruppenduft unter den Katzen.
Satelliten-Individuen	Diese Katzen empfangen und senden so gut wie keine freundschaftlichen Signale an andere Katzen in der Familie. Sie leben eher für sich und befinden sich möglicherweise in einer leicht aggressiven Situation mit anderen Katzen aus der Familie.
Despoten-Katzen	Diese Katzen haben nicht die Absicht, mit anderen Katzen zusammenzuleben. Sie werden absichtlich andere Katzen wegjagen und ihre Ressourcen bewachen.

Quelle: Bowen, J., Heath, S. (2005). Behaviour Problems in Small Animals: Practical Advice for the Veterinary Team, Philadelphia, Pa: Elsevier Saunders. S. 198.

Dominanz bei Katzen?

Es gibt bei Katzen keine Dominanz.
Oder besser gesagt, wir haben bis heute keinen abschließenden wissenschaftlichen Beweis dafür, dass es bei Katzen so etwas wie Dominanz gibt. Denn warum braucht ein solitärer Jäger eine feste Gruppenstruktur mit Hierarchie?

Eine feste Rangordnung innerhalb einer Tierart, die flexibel in Bezug auf Revier und soziale Bindungen ist und nur von den verfügbaren Ressourcen in der Umgebung abhängig ist? Das klingt nicht unbedingt logisch, oder?

Wie zuvor schon angesprochen, verwechseln Besitzer Grundeigenschaften wie Selbstsicherheit und Motivation häufig mit Dominanz.

„Joske ist wie der Hahn, der immer vorne sein will. Er frisst immer als Erster und die anderen Katzen haben Angst vor ihm. Er ist sehr dominant." Die Beschreibung der Katze passt perfekt zu einem selbstsicheren Verhalten, sollte aber besser nicht „dominant" genannt werden.

Joske ist eine selbstsichere Katze mit großer Motivation für bestimmte Ressourcen. Selbstsichere Katzen werden sich eher so verhalten, damit sie etwas bekommen, während sich die schüchterne Katze eher abwartend zeigen würde. Sie sollten sich also besser fragen: „Wie kommt es, dass sich eine meiner Katzen so verhalten MUSS?" Häufig geht es nämlich um territoriales Verhalten als Folge von Mangel: Man bietet ihnen zu wenig von dem, was sie eigentlich als Individuum nötig hätten. Das löst natürlich Spannungen und Angst aus.

Katzenkolonien

In der freien Wildnis erleben wir, dass Katzen sich durchaus zu Kolonien zusammenschließen. Meist handelt es sich dabei um Gruppen verwandter Katzen, die sich gemeinsam um ihre Jungen kümmern. Sie demonstrieren dabei ein äußerst freundliches Verhalten und säugen auch die Jungen der anderen.

Das große Geheimnis des guten Zusammenhalts in diesen Gruppen ist das Vorhandensein genügend vieler Ressourcen: ausreichend Nahrung, Fressplätze und Verstecke. Und wenn diese Voraussetzungen nicht gegeben sind? Dann fallen die Gruppen auseinander und jede Katze zieht wieder ihrer eigenen Wege.

Eine solche Formel des familiären und matriarchalischen Zusammenlebens unterscheidet sich stark, je nachdem, wie wir unsere Katzen zusammen halten. Menschen setzen häufig Katzen und Kater zusammen, die nicht miteinander verwandt sind. Unsere Katzen werden kastriert, wodurch die Paarungszeit keine Rolle mehr spielt. Es ist aber besonders wichtig, dass wir den notwendigen Grundvoraussetzungen und der Vermeidung von Mangel besondere Aufmerksamkeit schenken.

Werden ausreichend viele Ressourcen in der Umgebung geschaffen, KÖNNEN Katzen gegenüber Artgenossen tolerant sein.

Sorry, not sorry

Obgleich sich Katzen gegenüber anderen Katzen sozial ver-
halten können, gibt es einen großen wunden Punkt, den Sie
berücksichtigen müssen. Katzen sind, wie schon zu Beginn des
Buches beschrieben, sehr begrenzt in ihrem Repertoire sozialer
Signale, da sie während ihrer Evolution zum Überleben nie den
Zusammenhalt der Gruppe brauchten.

Sie kennen kein Versöhnungsverhalten, nur: verschwinde oder
kämpfe! Katzen können sich nicht entschuldigen und zeigen kein
Bedauern. Und sie können nach einem Konflikt auch nicht alles
wiedergutmachen.

Im Prinzip sollten Sie nicht zulassen, dass Katzen einen Konflikt
„ausfechten". Das bedeutet nicht, dass Sie gleich in Panik ver-
fallen sollten, wenn Katzen sich einmal anfauchen oder knurren.
Das ist ein völlig normales Verhalten. Allerdings sollten Sie sich
anschauen, was passiert. Läuft eine Katze weg, wenn die andere
faucht? Mission abgeschlossen! Denn genau das will die fau-
chende Katze erreichen.

Wenn die Katze (oder das Kitten) das Fauchen und Knurren igno-
riert und einfach weitermacht oder nicht weicht, dann müssen
Sie als Besitzer oder Betreuer eingreifen. Sonst wird Ihre andere
Katze lernen, dass ihr Verteidigungsverhalten nicht funktioniert
und Spannungen und Angstgefühle werden zunehmen, wodurch
ein problematisches Verhalten wie Aggression und Markieren
entsteht oder sich verstärkt.

Katzen aneinander gewöhnen

Wenn Katzen sich zum ersten Mal begegnen, sind sie sofort Feinde, das hat ihr Instinkt so vorgesehen. Sie können schließlich nicht das Risiko eingehen, von einer anderen Katze verwundet zu werden. Demnach müssen Katzen Raum und Zeit bekommen, um zu „lernen", dass die andere Katze okay ist. Und dieses „Lernen" schaffen sie nicht allein.

Vorbereitung

Zuallererst müssen Sie dafür sorgen, dass Sie gut zwei Wochen vorher die Ressourcen im Haus verdoppeln. Die Katzen können ihren Lebensraum also umlegen, doch das gelingt nur, wenn sie ausreichend Optionen und Wahlmöglichkeiten bekommen. Verteilen Sie die Ressourcen in der gesamten Wohnung.

Ankunft

Gewöhnen Sie Ihre neue Katze in einem separaten Zimmer ein, in dem sie alles hat, was sie braucht. Von diesem Zimmer aus kann sie den Rest des Hauses erkunden, ohne Anwesenheit einer anderen Katze.

Ablauf

Schon vor der Einführungsphase muss die Katze wissen, dass es keine andere Katze gibt. Die Katzen dürfen sich auch nicht durch Glastüren oder -fenster sehen. Wahrscheinlich werden sie einander hören oder riechen, das können Sie kaum verhindern. Aber es ist absolut notwendig, mit der Einführung zu warten, bis die Katzen bei Geräuschen oder Düften keine Stressreaktion mehr zeigen.

Das Kennenlernen

Wenn beide Katzen happy sind, können Sie mit der Eingewöhnungsphase beginnen. Gehen Sie schrittweise vor, denn das Kennenlernen ist die beste Basis, dass Ihre Katzen Freunde werden.

Wählen Sie eine Tür zwischen zwei Zimmern, wo beide Katzen mit der Umgebung vertraut sind und also in Ruhe fressen können. Idealerweise kennen beide Katzen beide Zimmer. So vermeiden Sie, dass eine Katze ein Zimmer nicht kennt und sich plötzlich stark für alles interessiert, was sie in dem Zimmer findet.

Suchen Sie etwas, das beide Katzen wirklich gern fressen. Das kann Nassfutter sein, frischer Fisch, Katzenleckerlis oder ein Getränk wie Katzenmilch oder Viyo sein. Es ist allerdings NICHT beabsichtigt, die Katzen nah beieinander zu füttern. Das hat genau den gegenteiligen Effekt!

Sie müssen während der Eingewöhnung eine positive Assoziation zwischen leckerem Fressen und der anderen Katze herstellen.

Dann geht Ihre Katzen davon aus, dass die andere Katze gleichbedeutend mit leckerem Fressen ist. So können Sie das Erleben der Katze, die bisher eine andere Katze als Bedrohung wahrgenommen hat, positiv verändern.

Sie müssen sich allerdings Zeit nehmen, den Eingewöhnungsprozess schrittweise durchzuführen und auch das richtige Timing berücksichtigen.

Das richtige Timing ist hier superwichtig!
Die Zeit, in der Ihre Katze einer anderen Katze ausgesetzt ist
(durch Sehen oder Hören), muss zwischen Beginn und Ende
des Fressens liegen.

Das bedeutet, dass Sie die Tür erst dann einen Spalt breit
öffnen, wenn beide Katzen auf ihrer Seite der geschlossenen
Tür sitzen und in Ruhe fressen. Nicht früher! Und auch nicht
zu lange! Wenn die erste Katze mit dem Fressen fast fertig ist,
schließen Sie die Tür wieder. Es darf ohne die Ablenkung durch
leckeres Fressen KEINE Gegenüberstellung erfolgen.

Die Übung bauen Sie schrittweise auf, wobei der Türspalt jedes
Mal etwas breiter wird. Aber gehen Sie zwischendurch auch
wieder einen Schritt zurück! So öffnen Sie die Tür beispielsweise
1 cm, 3 cm, 5 cm, 2 cm, 6 cm, 8 cm, 3 cm, 5 cm, 10 cm,
7 cm, 12 cm und so weiter.

Beide Katzen müssen dabei ruhig sein und bleiben. Achten Sie
deshalb genau auf mögliche Stresssignale der Katzen. Wenn sie
sich unauffällig verhalten, können Sie die Tür bei der nächsten
Übung einige Zentimeter weiter öffnen.

Spielen Sie mit den Standorten der Katzen. Manchmal sehen sie
sich nur so weit entfernt, dass sie die andere Katze kaum wahrnehmen. Das andere Mal sitzt eine Katze hinter der Tür und die
andere in Sichtweite.

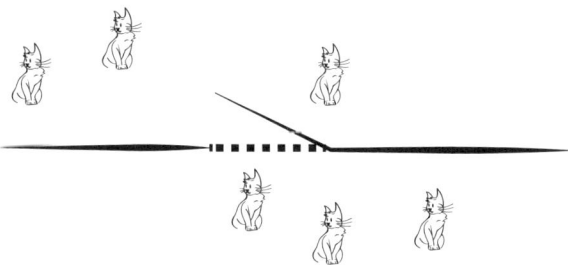

Machen Sie die Übung ein- bis zweimal am Tag. Jede Übungseinheit dauert nur einige Minuten. In der restlichen Zeit müssen
die Katzen wieder vollständig voneinander getrennt sein, so als
würden sie füreinander überhaupt nicht existieren.

Zwei Katzen können nur dann eine gute positive Assoziation füreinander aufbauen, wenn sie einander nur während der Übung
ausgesetzt sind und dabei gleichzeitig etwas Leckeres fressen.
Wenn die Katzen außerhalb der Übungseinheiten aufeinander-
treffen, besteht die Möglichkeit, dass sie in unkontrollierten
Momenten erneut instinktiv eine negative Assoziation füreinander
entwickeln. Die Übungseinheiten werden dann keinen Erfolg
haben. Achten Sie vor allem auf das gegenseitige Sehen durch
Glastüren und Ähnliches – unbedingt vermeiden!

Wenn sich eine der Katzen durch Futter kaum motivieren lässt,
dann wählen Sie andere „primäre" Ablenkungen, also Dinge, die
die Katze motivieren und sie ablenken, etwa Baldriansäckchen,
Katzenminze-Spielzeug oder sich bewegendes Spielzeug. Mit
Streicheln werden Sie Ihre Katze kaum motivieren.

Wenn Sie diese Übung zwei bis drei Wochen lang regelmäßig ausgeführt haben und die Tür ganz geöffnet ist, dann konzentrieren Sie sich auf die Dauer. Jetzt können Sie die Tür auch nach dem Fressen offenstehen lassen – jedes Mal etwas länger. Setzen Sie hier ebenfalls nette Ablenkungen ein, wie Leckerlis, Baldrian- oder andere Kräuterspiele, Angelspiele und Ähnliches.

Fressen beginnt

Der anderen Katze ausgesetzt sein

Fressen endet

Ablenkung

Auch das bauen Sie nach und nach auf. Wenn es gut läuft, dann verlängern Sie die Zeit jedes Mal um einige Sekunden ohne die nette Ablenkung, aber behalten Sie die Lage gut im Blick. So lernen die Katzen, wie es ist, in der Nähe der anderen zu sein, ohne dass etwas Nettes passiert.

Irgendwann kommt der Moment, in dem sich die Katzen gegenseitig beschnuppern wollen. Es ist vollkommen normal, wenn sie sich anfauchen.

Lassen Sie die Katzen einige Sekunden gewähren, aber sorgen Sie sofort für eine nette Ablenkung.

Das Ganze wiederholen Sie, bis Sie feststellen, dass die Katzen einander von selbst suchen und sich dabei mehr oder weniger wohlfühlen.

Auch hier bauen Sie die Zeit nach der Übungseinheit, in der nichts mehr passiert, langsam auf. Zuerst eine halbe Minute, dann eine Minute, dann einige Minuten, dann zehn Minuten, fünfzehn Minuten, bis Sie die Tür offenlassen können.

Lassen Sie die Katzen aber noch getrennt voneinander, wenn Sie nicht zu Hause sind, damit Sie sich wirklich sicher sein können, dass sie gut miteinander auskommen.

Dieser Eingewöhnungsprozess mag vielleicht nicht ganz einfach erscheinen, aber er sorgt dafür, negative Beziehungen zwischen Katzen von Anfang an zu minimieren oder sogar zu vermeiden.

Es gibt zwar keinen wissenschaftlichen Beweis, aber fangen Sie einfach an, experimentieren Sie und achten Sie immer auf subtile Stresssignale bei beiden Katzen.

Die Sprache Ihrer Katze verstehen

Bei der Kommunikation als Teil der Verhaltensforschung geht es um eine wirkungsvolle Botschaft in Form eines Signals, das die Katze sich selbst, anderen Katzen und uns sendet.

In der Praxis erleben wir, dass die falsche Interpretation von Katzensignalen schnell zu Frust und Verwirrung beim Besitzer führen kann. Denn er deutet das Verhalten der Katze allzu häufig nach menschlichen Kommunikationsmustern.

In diesem Kapitel wollen wir die wichtigsten Signale und die Art und Weise, wie die Katze sie sendet, näher betrachten.

Die Signale enthalten einerseits eine Botschaft für das Katzenumfeld, andererseits erzählen sie uns auch etwas darüber, wie die Katze sich fühlt. Wenn wir die typischen Katzensignale erkennen, deuten und „lesen", können wir auch entsprechend reagieren. Wir passen beispielsweise die Umgebung oder unser eigenes Verhalten an und bekommen die Möglichkeit, uns der Katze auf ihre Weise zu nähern und unsere gegenseitige Beziehung zu verbessern.

Beeinflussen Sie Ihre Katze durch Ihr eigenes Verhalten

Unsere Reaktion auf das Verhalten der Katze kann ihren allgemeinen Gemütszustand beeinflussen. Zumindest, wenn Sie wissen, auf welche Signale Sie achten müssen, um sie wirklich zu verstehen.

Hier schon mal einige einfache Regeln, die laut Besitzer nicht immer leicht umzusetzen sind, aber eine positive Wirkung auf Ihre Katze haben können.

- Wenn Ihre Katze sich nicht gut fühlt, machen Sie es nicht schlimmer.
- Ungewünschtes Verhalten wird nicht belohnt.
- Ihre Katze fühlt sich sicherer, wenn man sie in Ruhe lässt. Sie möchte lieber nicht getröstet werden, wenn sie sich nicht gut fühlt. Katzen sind und bleiben solitäre Jäger, die am liebsten allein sind, wenn sie sich nicht hundertprozentig gut fühlen.

Was können Sie mit der Information des folgenden Kapitels anfangen? Sie werden die Sprache Ihrer Katze verstehen, ihren Gemütszustand besser erfassen und entsprechend darauf reagieren können!

Noch einige goldene Regeln, um das Verhalten Ihrer Katze positiv zu beeinflussen, wenn Sie bestimmte Dinge feststellen:

Ignorieren Sie unglückliches Verhalten und Stresssignale (nicht nur offen- sichtliche Signale, sondern auch die subtilen). Zusätzlich überlegen Sie, was Sie in der Umgebung verändern können, um zu vermeiden, dass Ihre Katze sich nicht gut fühlt. Verändern Sie, was möglich ist.

Bestärken Sie glückliches Verhalten (nur wenn Sie sich ganz sicher sind) mit etwas, das DIE KATZE mag, etwa Leckerlis und Spielen. Streicheln mögen Katzen von Natur aus nicht so gern (empfindliches Fell), sodass es meist keine gute Bestätigung ist.

Macht Ihre Katze häufig einen unglücklichen Eindruck? Dann fördern Sie glückliches Verhalten, indem Sie ihr eine Leckerei zuwerfen oder mit ihr ein Angelspiel machen. Sorgen Sie dafür, dass die Katze NICHT merkt, dass Sie da sind, sondern sich auf das Leckerli, das Spiel oder die Angel fokussiert. Wenn Sie diese Technik anwenden, werden Sie innerhalb einiger Wochen bei Ihrer Katze ein selbstbewussteres Verhalten feststellen. Sie fühlt sich langsam glücklicher und somit sicherer.

„Schnurrhaare und Schwanz
einer Katze können Sie
in einem Sekundenbruchteil
wissen lassen, wie sie sich fühlt."
Anneleen Bru

VISUELLE KOMMUNIKATION

Die Katzensprache lesen

Bei der visuellen Kommunikation geht es darum, die Körpersprache der Katze zu lesen. Sie können sich einen Teil der Katze anschauen, etwa den Schwanz, die Ohren oder die Schnurrhaare, aber Sie können auch den gesamten Körper betrachten und was sie damit anstellt.

Wenn wir uns einen bestimmten Körperteil anschauen, dann können wir in einigen Fällen sofort sehen, wie die Katze sich fühlt. Trotzdem dürfen wir den Rest des Körpers und den Körper als Ganzes nicht aus den Augen verlieren. Manchmal widersprechen sich die Signale, die ein Katzenkörper aussendet, und dann empfiehlt es sich, sich gegen den Zweifel zu entscheiden. Lassen Sie Ihre Katze kurz in Ruhe, vielleicht fühlt sie sich gestresst.

Zudem müssen wir aufpassen, dass wir „wahrnehmendes" Verhalten nicht mit „Reaktions"-Verhalten verwechseln, so wie im Kapitel zur Ethologie beschrieben.

Wenn ich in meinen Schulungen die Frage stelle: „An welchem Körperteil können Sie unmittelbar ablesen, wie sich die Katze fühlt?", dann bekomme ich schnell zu hören: „An den Ohren!". Wenn ich dann weiterfrage: „Aha, und was sagen Ihnen die Ohren?", dann bleibt es lange still. Und in der Tat, daraus lässt sich nicht viel ablesen, es sei denn, es ist wirklich offensichtlich.

Eine Katze, die ihre Ohren flach angelegt hat und dabei knurrt und faucht? Da ist ziemlich eindeutig, wie sie sich fühlt. Dazu braucht man ganz sicher keine Schulung.

Wenn sich die Ohren bewegen oder nach vorn gerichtet sind, zeigt Ihnen das, dass die Katze ihre Umgebung wahrnimmt. Sie lauscht und hat noch nicht auf das Gehörte reagiert. Es ist noch kein Reaktions-Verhalten. Sie wissen also nicht, wie sie sich fühlt.

Die Katze kann noch verschiedene Dinge tun: weglaufen, auf Erkundung gehen, sich verstecken und Ähnliches. Sie sehen allerdings, dass die Katze aufmerksam ist, weil sie lauscht und alles genau wahrnimmt. Aber das sagt noch nichts darüber, wie sie sich fühlt.

Stress erkennen

Zunächst einmal müssen wir zwischen positivem und negativem Stress unterscheiden, bevor Sie nun die Körpersprache Ihrer Katze zu lesen beginnen und deuten möchten, ob sie gestresst ist oder nicht.

In der Verhaltensforschung meint „Stress" eine Form von Spannung als Reaktion auf äußere Reize – um zu überleben. In diesem Sinne kann Stress sowohl positiv als auch negativ sein. Und dass Stress einen großen Einfluss auf unser Verhalten und unsere Gefühle hat, merken wir auch als Mensch.

Denken Sie daran, wie sich Stress bei Ihnen zeigt: Sie haben keinen Hunger (oder essen nicht mehr), Ihr Herz schlägt schneller, Sie atmen schneller und Ihr Körper macht sich fluchtbereit (fight, flight or freeze). Ihr „sympathisches Nervensystem" fängt in Situationen an zu arbeiten, in denen Sie sich bedroht fühlen, etwa in einem Konflikt, bei einem Streit, Kampf oder Verlust.

Wenn etwas Spannendes passiert, das Sie nicht als Bedrohung empfinden, das aber ein Aktivwerden erfordert, dann setzt dasselbe sympathische System ein. Denken Sie nur ans Verliebtsein, an Prüfungen, Bewerbungen, Wettkampfsituationen und Ähnliches.

Stress ist folglich nicht automatisch etwas Schlechtes, sondern notwendig zum Leben und Überleben. Wenn Sie also bei Ihrer Katze ein Stresssignal bemerken, müssen Sie nicht gleich Alarm schlagen, sondern sollten sich die Umstände anschauen:
Was macht die Katze? Was hat sie gerade getan und was wird sie tun?

Wenn Sie meinen, dass Ihre Katze unangenehmem Stress ausgesetzt ist, dann können Sie nichts anderes tun, als dies zu ignorieren und sich gleichzeitig zu bemühen, dass sich die Situation zukünftig nicht wiederholt.

Fragen Sie sich, was Sie tun können, um alles zu vermeiden, was Ihre Katze stresst. Welche anderen Werkzeuge können Sie ihr an die Hand geben, damit sie (besser) mit Stress umgehen kann?

Wir wissen inzwischen, dass der größte Stressfaktor für Tiere nicht der Reiz selbst ist, sondern die Art, damit umzugehen. Kann die Katze bei ihrer Reaktion auf eine Situation frei wählen? Wenn ja, wird der Stress dann als weniger schlimm erfahren im Vergleich zu einer Situation, in der sie Wahlmöglichkeiten und Optionen nicht hat?

Schwanz

Glücklicher Schwanz

Eine Katze, die mit aufrech-
tem Schwanz umherläuft,
fühlt sich gut. Sie hat etwas
gesehen, das sie schön
findet, sie ist unterwegs.

Wenn eine Katze den gerade
aufgestellten Schwanz an
der Spitze zum Fragezeichen
formt, dann will sie Sie begrüßen und freut sich, Sie zu
sehen.

Wenn eine Katze sehr auf-
geregt ist, dann richtet sich
der Schwanz gerade auf und
zittert, was auch als „trocken-
markieren" verstanden werden kann. Glücklicherweise
versprüht sie dann kein Urin!

Ein Schwanz, der waagerecht
nach hinten steht, ist ein neu-
trales Signal.

Unglücklicher Schwanz

Eins der am häufigsten übersehenen Stresssignale ist ein Schwanz, der nach hinten auf den Boden hängt. Diese Katzen wollen nicht gesehen werden, denn sie fühlen sich bis zu einem gewissen Maß bedroht. Schenken Sie ihr keine Aufmerksamkeit und lassen Sie sie in Ruhe, wenn Sie dieses Verhalten und diesen Schwanz sehen.

Katzen, die mit ihrem Schwanz wedeln (sowohl mit der Schwanzspitze als auch mit dem ganzen Schwanz), zeigen ihre Irritation, die Sie im Rahmen des aktuellen Geschehens deuten müssen. Streicheln Sie gerade Ihre Katze, dann sollten Sie besser aufhören. Hat sie eine Beute im Auge, dann lassen Sie sie gewähren. Sie findet es spannend!

Wenn eine Katze ihren Schwanz sträubt, dann fühlt sie sich bedroht und will sich größer machen und ihr Gegenüber auf Abstand halten.

Schnurrhaare

Die meisten Katzenbesitzer haben noch nie auf die Schnurrhaare ihrer Katze geachtet, während diese am ehesten zeigen,
wie Ihre Katze sich fühlt. Wenn die Schnurrhaare gegen die
Wangen gedrückt sind, dann fühlt sich die Katze nicht gut und
will ihre Schnurrhaare schützen.

Wenn Ihre Katze herumläuft oder schläft und die Schnurrhaare
nach hinten gegen die Wangen gedrückt sind, dann fühlt sie sich
nicht glücklich, und Sie sollten sie am besten in Ruhe lassen.

In anderen Augenblicken zieht sie ihre Schnurrhaare ein, weil
sie sie stören. Sie macht das beispielsweise beim Schnuppern,
Fressen oder Trinken. Achten Sie also auf die Situation und darauf,
warum sie ihre Schnurrhaare gegen die Wangen gedrückt hält.

Katzen, deren Schnurrharre nach vorn gerichtet sind, sind glücklich und häufig aufgeregt. Oder die Katze ist glücklich, weil sie
gerade eine Beute geschnappt hat.

In extremen Situationen wird die Katze ihre Schnurrhaare ebenfalls ganz nach vorn stellen. Wenn sie beispielsweise Auge in

Auge mit einer anderen, sie bedrohenden Katze steht. Dann zeigt die Situation selbstverständlich, dass die Katze nicht glücklich ist.

Wenn die Schnurrhaare gerade zur Seite stehen, waagerecht zur Nase, dann deutet das auf eine neutrale Haltung der Katze.

Augen

Es wird häufig behauptet, dass man an den Pupillen einer Katze erkennen kann, wie sie sich fühlt. In extremen Situationen, etwa bei ängstlichen Katzen, mag das zutreffen.

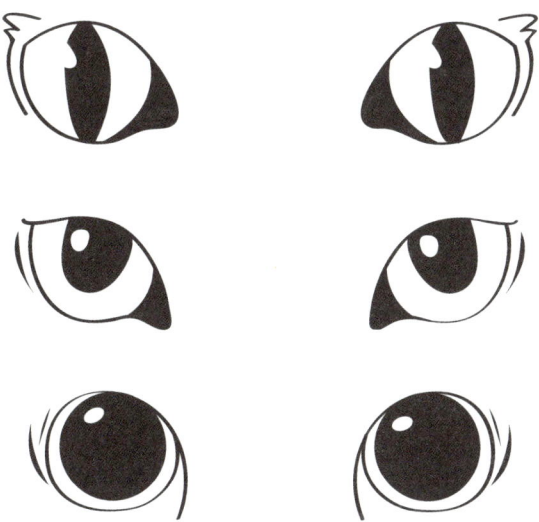

Wenn die Pupillen das Auge fast völlig schwarz erscheinen lassen, dann hat die Katze tatsächlich Angst und muss etwas unternehmen, um ihr Sicherheitsgefühl zu vergrößern.

Die Pupillen einer Katze, die etwas fixiert, können verschiedene Formen haben: von sehr klein und schmal bis zu oval. Davon lässt sich nur schwer etwas ableiten.

Die Größe der Pupillen hängt zudem eher vom Lichteinfall als von Emotionen ab.

Die Position der Augenlider verrät uns hingegen mehr über das Verhalten der Katze und ihre Gefühle. Eine Katze, die ihre Augen weit öffnet, starrt, was häufig eine Drohung beinhaltet. Oder sie möchte ein Gegenüber verjagen oder hat eine Beute erblickt.

Starren ist bei Katzen immer etwas sehr Aggressives und viele bedrohliche Starrwettkämpfe im Haus und draußen entgehen uns, da das Starren auf sehr subtile Weise geschieht. Es kann im Abstand von 10 cm oder 10 m stattfinden. Aber es ist in KEINEM Fall in Ordnung. Die Katzen befinden sich in einer Art Trance, aus der sie nur schwer wieder herauskommen. Wenn sich nämlich eine der beiden entschließt zu gehen, dann wird die andere sie unmittelbar verfolgen. Nicht gerade förderlich für die Überlebens-chancen in der Natur.

TIPP – Sie müssen diese Momente des Starrens bei Katzen er-kennen. Verwenden Sie eine visuelle Barriere, wie etwa eine Zeitung oder ein Kissen, und setzen sie diese wortlos und ruhig zwischen die Katzen. Schieben Sie die etwas selbstsicherere Katze sanft zur Seite, damit die Katze, die mehr Schwierigkeiten hat, sich leichter abwenden kann. Wenn sie dann wieder zusammenkommen und sich anstarren oder anknurren, dann trennen Sie die beiden für einige Stunden, damit der Stresspegel bei beiden sinken kann.

Es gibt auch Menschen, die zu mir kommen und mir berichten, dass sie immer Katzen anziehen, obwohl sie überhaupt keine Affinität zu ihnen haben. Wie kommt das?

Stellen Sie sich vor, Sie sind eine Katze und sehen in der afrikanischen Savanne ein Lebewesen, das zehnmal so groß ist wie Sie und mit starrem Blick auf Sie zukommt. Das große fremde Wesen will Sie dann auch noch berühren und Sie mit allen vier Pfoten vom Boden hochheben! Was haben Tausende von Jahren der Evolution Ihnen beigebracht? Weglaufen, natürlich!

Wenn Ihnen ein solch großes Wesen aber keinerlei Aufmerksamkeit schenkt, sich von Ihnen abwendet und respektvoll den Augenkontakt meidet? Das ist wirklich freundlich!

Was würden Sie als Katze tun? Wem würden Sie sich nähern?

TIPP – Möchten Sie Ihrer Katze, auf Katzenart, Küsse geben? Dann schließen Sie langsam Ihre Augen, während Sie sie anschauen. Wenn sie sich wohlfühlt, wird sie Ihnen antworten und das Gleiche tun. Wenn Ihre Katze nicht entspannt ist, dann hilft es, ihr auf diese Weise Wohlgefühl zu vermitteln, auch wenn es keine Garantie dafür gibt. Wenn Ihre Katze die Augen langsam schließt, dann antworten Sie ihr auf gleiche Weise. Das schafft Vertrauen.

Zunge

Wenn Ihre Katze sich kurz mit ihrer Zunge über ihre Oberlippe leckt – wenn sie nicht gerade gefressen oder getrunken hat – ist das ein subtiles Stresssignal. Sie hat dann gerade etwas gerochen oder erlebt, das ihr missfällt. Sie reagiert mit dem Lecken darauf.

Maul

Gähnen ist bei Katzen ein Mittel, um Stress abzubauen – wenn sie nicht gerade müde sind. Wenn etwas passiert, das die Katze verarbeiten muss, wird das vom Gähnen unterstützt.

Gähnen ist auch die perfekte Art, um Ihrer Katze mitzuteilen, dass alles in Ordnung ist. Es schafft Erleichterung und damit auch Entspannung. Gähnen funktioniert übrigens auch bei Hunden. Es mag vielleicht etwas komisch aussehen, aber es wirkt Wunder!

TIPP – Wenn Ihre Katze eine schwierige Zeit durchmacht, dann
gähnen Sie ihr einige Male zu und schließen Sie langsam die Augen,
ohne sich ihr zu nähern. Sie wird höchstwahrscheinlich mit einem
Gähnen reagieren und ebenfalls ihre Augen schließen. Sie sollten
aber wissen, dass dieser „Trick" nur bei leichtem Stress wirkt, nicht
wenn die Katze stark gestresst ist.

Pfoten

Die Katzenpfoten sind so etwas wie ein sechster Sinn. Sie sind
durch die dicht stehenden Härchen zwischen den Pfotenpolstern
sehr empfindlich. Wir wissen, dass Katzen von der Nase bis zu
etwa einem Meter Abstand nur verschwommen sehen, sodass
ihre Vorderpfoten ein wichtiges Instrument sind, um Beute zu
orten und Dinge zu erforschen, vor allem im Dunkeln.

GUT ZU WISSEN – Untersuchungen haben gezeigt, dass Katzen am
liebsten ihre rechte Pfote einsetzen, Kater hingegen ihre linke Pfote.
Dieses Verhalten zeigt sich konsequent ab einem Alter von einem Jahr.

Katzen setzen ihre Pfoten für den „Milchtritt" ein. Das ist ein Über-
bleibsel des Verhaltens eines Katzenjungen. Kleine Jungen treten
gegen den Bauch der Mutter, um beim Säugen den Milchfluss
zu stimulieren. Das ist eine Initialsituation, in der dieses Verhalten
gezeigt wird, hat später aber eine wichtige Trostfunktion. Dadurch
bleibt die Assoziation zu Sicherheit und Glück beim Säugen, nah
bei der Mama, bestehen.

Katzen tun dies, wenn sie sich wohlfühlen, aber auch, wenn sie sich nicht wohlfühlen und sich selbst trösten wollen. Wir beobachten den Milchtritt häufiger bei Jungen, die zu früh von der Mutter getrennt wurden (noch bevor sie zwölf Wochen alt waren) und sich dadurch trösten wollen.

Dieses Trittverhalten ist völlig normal und wird erst problematisch, wenn die Katze anfängt, in Stoffe und andere Dinge zu beißen und nicht essbare Dinge zu fressen. Dieses Phänomen nennt man Pica-Syndrom. Es ist eine Verhaltensauffälligkeit, die einer gründlichen und fachkundigen Analyse bedarf.

TIPP – Da Katzen sehr empfindliche Vorderpfoten haben, sollten Sie diese möglichst nicht berühren. Wenn Sie die Pfoten zur Pflege oder Kontrolle in die Hand nehmen, etwa wenn Sie die Nägel schneiden oder sich eine Wunde anschauen, dann lassen Sie Ihrer Katze kurz Zeit, um zu lernen, dass es völlig in Ordnung ist, die Vorderpfoten zu berühren. Das müssen Sie üben.

Wählen Sie zunächst ein Leckerli, das die Katze wirklich gern mag. Dann halten Sie Ihren Finger in die Nähe der Pfote (aber noch nicht berühren) und geben der Katze das Leckerli. Dann berühren Sie die Pfote sanft und kurz und geben der Katze noch ein Leckerli. So machen Sie schrittweise weiter, zwischendurch auch mal wieder einen Schritt zurück. Achten Sie darauf, dass die Katze davon nicht gestresst wird und sie sich so auf das Leckerli konzentriert, dass sie kaum merkt, dass Sie sich für ihre Pfote interessieren. Sie machen es hier wieder so wie bei den vorherigen Übungen. Sie schaffen eine positive Assoziation zwischen dem Berühren der Pfote und dem Geben eines Leckerlis. So können Sie die Erfahrung der Katze beeinflussen.

Fell

Wir haben zuvor schon davon gesprochen, dass das Fell der Katze sehr empfindlich ist. Aber was können wir am Fell ablesen?

Wenn Sie hinten auf dem Rücken Ihrer Katze kleine Zuckungen erkennen, dann deutet das auf eine Irritation. Es kann sich dabei um eine physische Irritation handeln (etwa Flohbisse oder Allergien) oder auch um eine Verhaltensirritation. Die Katze ist vielleicht durch die Berührung des Fells oder durch einen äußeren Reiz, der sie erregt (sei es Beute oder Bedrohung), irritiert. Sehen Sie kleine Zuckungen hinten am Schwanz der Katze? Dann hören Sie mit dem, was Sie gerade tun, auf und geben Sie der Katze Gelegenheit zu gehen.

Die Art, wie die Katze ihr Fell pflegt, kann verschiedene Bedeutungen haben. Eine Katze, die dabei ist, sich um ihr Fell zu kümmern, sitzt ruhig und entspannt und leckt mit der Zunge in langen Bahnen über ihr Fell.

Läuft die Katze jedoch umher, bleibt sie abrupt stehen und leckt schnell an ihrer Pfote oder Unterseite? Dann ist die Katze kurzzeitig gestresst und hat die Fassung verloren. Sie überlegt, was sie machen soll: „Geh ich nach links, rechts, oben, unten oder lauf ich weg, greif ich an", und so weiter.
Dieses Verhalten wird häufig auch als Übersprunghandlung bezeichnet und ist das vierte „F" in der Theorie zur Stressreaktion: Wir hatten bereits „fight, flight and freeze", und nun kommt noch „fiddle" hinzu, was im Englischen so viel bedeutet wie „herumspielen".

„Könnten wir riechen,
was unsere Katzen riechen –
welch wundervolle Welt
würde sich uns eröffnen."

Anneleen Bru

KOMMUNIKATION ÜBER GERÜCHE

Kommunikation mit der Nase

Katzen kommunizieren mit ihrer Nase. Dies ist die wirkungsvollste Art, um als solitärer Jäger zum Ergebnis zu kommen. Die Katze verfügt außerdem über ein zusätzliches Organ in ihrem Gaumen, um besonders gut soziale Duftstoffe über den Speichel aufzunehmen, auch als „Flehmen" bezeichnet

Die Katze kommuniziert vor allem dadurch, dass sie Pheromone (oder vielmehr die komplexere Form: Botenstoffe) in der Umgebung und auf anderen Katzen absetzt, je nachdem, was sie damit bezwecken will. Indem sie in der Umgebung (und auf anderen Katzen) Duftstoffe absetzt, kann die Katze in Zeit und Raum mit sich und anderen Katzen kommunizieren.

Die zwei wichtigsten Gründe für die Kommunikation bei Tieren sind die Gewährleistung der eigenen Sicherheit und das Anlocken anderer Tiere – oder das Ausweichen vor ihnen. Für eine Katze ist es mindestens genauso wichtig, mit sich selbst zu kommunizieren (Ist es sicher oder nicht?) als auch mit anderen Katzen (Wollen wir einander begegnen oder lieber nicht?).

Wir als Menschen können die Pheromone nicht riechen, da wir nicht zur selben Tierart wie Katzen gehören.
Pheromone dienen vor allem der Kommunikation zwischen Tieren derselben Art. Das Einzige, was wir wahrnehmen, sind die visuellen Signale, die zum Abgeben der Pheromone gehören.

So können wir lernen, wo die Katze sich wie fühlt. Die gängigen Kommunikationssignale verraten uns viel über den Gemütszustand der Katze.

Katzen geben auf drei verschiedene Arten Duftstoffe ab: indem sie Kopfstöße verteilen, sich kratzen und indem sie markieren.

Die Funktion des Reibens, Kratzens oder Markierens wird in erster Linie davon bestimmt, wo in ihrem Revier die Katze sich gerade befindet (Kerngebiet, Lebensraum, Jagdgebiet), und das Verhalten zeigt, wie sie sich an diesem Ort fühlt.

Katzen beobachten Geschehnisse in einem ihrer drei Lebensräume mit allen Sinnen. Sie verarbeiten die Signale anhand von bisherigen Erfahrungen, Instinkten, Motivationen und Emotionen, und werden dann je nach Gefühl ein bestimmtes Verhalten zeigen: Flüchten, weitere Erkundung, defensives Verhalten und Ähnliches. Wenn die Katze beim nächsten Mal an dieser Stelle vorbeiläuft, weiß sie dank der abgesonderten Duftmarke, wie sie sich verhalten muss und wie sie sich beim letzten Mal fühlte. Muss sie auf der Hut sein? Oder kann sie ruhig und entspannt bleiben?

Im Haus werden Sie eventuell in den Zimmerecken oder an den Türpfosten in Widerristhöhe gelbliche Flecken entdecken.

Die Flecken liegen dann womöglich auf der festen Laufstrecke Ihrer Katze, auf der sie mehrmals täglich ihre Gesichtspheromone absondert.

Für Ihre Katze ist es wichtig, dass diese Stellen nicht geputzt werden, da sonst wichtige Kommunikationssignale abgewischt würden.

Spritzflecken hingegen säubern Sie bitte, so gut es nur geht, um zu vermeiden, dass die Katze an diesen Stellen weiterhin markiert. Natürlich sollten Sie das mit entsprechenden Maßnahmen im Haus verbinden, damit der Stress für die Katze reduziert wird.

TIPP – Wie reinigen wir Urinflecken oder Spritzflecken am besten?
Füllen Sie drei leere Sprühflaschen mit:

1. 10 Teile Wasser zu 1 Teil enzymatischem biologischem Reiniger
2. Wasser
3. Alkohollösung (mind. 70 %)

A. Zuerst den Urin mit einem Tuch aufwischen.
B. Dann die Stelle nacheinander mit jeder Sprühdose besprühen.
C. Zwischendurch die Stelle immer wieder trocknen lassen.

VOKALE
KOMMUNIKATION

Miauen?

Wie gern wir es auch hätten, aber eine Kommunikation mit Stimmengeräuschen ist für eine Katze nicht so wichtig wie für uns.

Als solitärer Jäger macht es auch wenig Sinn, in der Wüste lauthals „miiaaauuuuu" zu rufen. Niemand hört einen, es ist also vergebliche Mühe. Es macht auch keinen Sinn, zu miauen, wenn die nächste Katze ungefähr einen Kilometer weit entfernt sitzt. Darum verwenden Katzen in erster Linie Duftstoffe. Eine laute vokale Kommunikation kann außerdem für Unsicherheit sorgen und Feinde oder größere Raubtiere anlocken oder das eigene Versteck verraten.

Katzen lernen jedoch von klein auf, dass sie mit Lauten unsere Aufmerksamkeit auf sich ziehen. Wir, die Menschen, sind als soziale Wesen darauf programmiert, wachsam zu sein, und reagieren auf alle Reize, die den Lauten eines Babys ähneln. Miauen ist also vergleichbar mit unserem Weinen. Deshalb hören sich Sirenen der Rettungsdienste auch so an, wie sie sich anhören: Es ist ein universeller aufrüttelnder Ton, auf den jeder, der ihn hört, aufmerksam reagiert.

Wenn eine Katze miaut, dann gehört das in dieselbe Kategorie. Das Miauen löst bei uns einen Reiz aus und wir blicken instinktiv in die Richtung, aus der der Laut kommt, meist gefolgt von einer aufmerksamen Reaktion, Leckerli, Zugang nach draußen und Ähnlichem. Unsere Katzen lernen von klein auf: „Oh, das funktioniert! Wenn ich etwas von meinem Menschen will, dann miaue ich."

Katzen können sehr aus der Situation heraus lernen, indem sie einfach zu bestimmten Zeiten des Tages etwas ausprobieren, und deshalb genau wissen, bei welcher Person, in welchem Zimmer sie sich verschaffen können, was sie brauchen oder wollen. Sie wissen, in welcher Tonart und mit viel Dezibel sie miauen müssen. Die Katzen haben uns gut trainiert, die kleinen opportunistischen Racker!

Anwendung der vokalen Laute

Katzen setzen Laute, vokal oder nicht-vokal, vor allem in Konfliktsituationen oder während der Paarungszeit ein, aber auch zwischen Mutter und Jungen läuft diese Art der Kommunikation ab. Da wir eng mit unseren Katzen zusammenleben, setzen sie vokale und nicht-vokale Laute auch bei uns Menschen ein. In den meisten Haushalten gibt es manchmal subtile Spannungsmomente, während klar wahrnehmbare Spannungen häufig und schnell durch Therapie oder Korrektur beendet werden. Unsere Hauskatzen sind zudem kastriert und eine Durchschnittsfamilie erwartet nicht jedes Jahr Katzennachwuchs.

Verschiedene Laute

In der wissenschaftlichen Literatur werden Laute in drei Kategorien eingeteilt:

1. Laute mit geschlossenem Mund, wie Schnurren und süße „grrrrtt"-Töne, die Katzen zur Begrüßung machen.
2. Laute, bei dem sich der Mund öffnet und schließt, wie Miauen, Weinen und Keckern/Schnattern („chattering").
3. Und dann gibt es noch Laute mit offenem Mund wie Schnauben (sehr viel Luft ausstoßen), Spucken („spitting"), Fauchen, Knurren und tief Miauen wie etwa bei einem Konflikt.

Schnurren

Bei Schnurren oder Brummen weiß jeder, was gemeint ist. Katzen geben diese Laute von sich, wenn sie sich wohlfühlen, wenn sie etwas erleben, was ihnen gefällt, oder wenn sie jemanden begrüßen. Es ist ihre Art mitzuteilen, dass sie sich nicht bedroht fühlen.

Katzen schnurren auch, wenn sie sich sehr krank oder bedroht fühlen. So teilen sie mit, dass sie selbst keine Bedrohung darstellen, in der Hoffnung, so zu entkommen. Es gibt Katzen, die überhaupt nicht schnurren, und auch das ist vollkommen in Ordnung.

TIPP – Wir empfehlen immer, bei plötzlichen Verhaltensänderungen Ihrer Katze zuerst den Pulsschlag zu messen. Schnurrt Ihre Katze immer und nun auf einmal nicht mehr? Oder brummt sie nie und nun schon? Dann sollten Sie den Rat eines Tierarztes einholen.

Wenn Sie mit wilden oder verwilderten Katzen zu tun haben, dann ist es wichtig, sich das vor Augen zu führen. In der Praxis erlebe ich oft, dass Freiwillige dieses Schnurr- oder Brummgeräusch als ein Signal interpretieren, dass eine wilde Katze sich allmählich besser fühlt.

Doch das stimmt überhaupt nicht. Die Katze schnurrt, um sich selbst zu trösten und um zu zeigen, dass sie keine Bedrohung darstellen möchte. Ihr Stresspegel ist also sehr hoch, sodass sie sicherlich nichts Neues lernen wird, auch nicht, dass Menschen völlig harmlos sind. Achten Sie hier besonders auf eine starre Haltung, Schnurrhaare und erweitere Pupillen. Die Katze hört

vielleicht auch auf zu fressen, da Stress das Hungergefühl unter-
drückt, und sie kann sehr krank werden, wenn der Stress längere
Zeit anhält.

Keckern

Das Keckern ist ein niedlicher Laut, den Katzen häufig dann
ausstoßen, wenn sie im Zimmer eine Fliege oder draußen einen
Vogel entdecken. Er erinnert ans Schnattern. Sie zeigen dieses
Verhalten, wenn sie frustriert sind, weil sie nicht (sofort) an ihre
Beute kommen. Eine kürzlich durchgeführte Einzelstudie kam zu
dem Schluss, dass es ein Lockruf sein könnte, um die Beute
anzulocken.

„Stress beginnt bei Katzen mit geschlossenen Augen, einem schnellen Zungenschlecken, einem kleinen Zucken des Fells, zurückgestellten Schnurrhaaren. Darauf sollten wir unbedingt achten. Ihre Katze versucht, Ihnen etwas zu sagen."

Anneleen Bru

FAZIT: KATZEN- VERHALTEN DEUTEN

Katze fühlt sich wohl/glücklich

- Schnurrhaare nach vorn
- Ohren nach vorn
- Pupillen oval/wie Striche
- Schwanz hochgestreckt/wie ein Fragezeichen
- Trockenspritzen
- Spielen
- Auf dem Rücken schlafen
- Augen schließen
- Schnurren und Brummen

Abwartende Haltung

○ Gerade aufgerichtet, Schwanz liegt über den Pfoten

○ Gekauert schlafen

○ Verstecken (visuelle Barriere)

○ Auf dem Boden zusammenrollen

○ Gähnen (nicht, wenn sie gerade aufgewacht ist)

○ Strecken (nicht, wenn sie gerade aufgewacht ist)

○ Schnurrhaar zur Seite (neutral)

Subtile Stresssignale

○ Schwanz nach unten auf dem Boden

○ Schnurrhaare nach hinten

○ Lecken (am Mund)

○ Zittern im Schwanz (Spitze/ganzer Schwanz)

○ Wedeln mit dem Schwanz (Spitze/ganzer Schwanz)

○ Kurzes Lecken übers Fell/Schwanzansatz

○ Pfoten heben

○ Ohren zur Seite gedreht

○ Starren

○ Kratzen (Aufregung, + oder -)

○ Schnauben

○ Schlafend stellen

Deutliche Stresssignale

- Knurren
- Fauchen
- Spucken
- Heulen
- Schreien
- Ohren flach
- Pupillen rund
- Haare gesträubt (Schwanz, Rücken)
- Brummen, Schnurren (sehr krank, letzter Rettungsanker)

Optimale Gestaltung der Umgebung

Die Bedürfnisse Ihrer Katze verstehen

Häufig beurteilen wir unsere Katzen aus der Perspektive unseres eigenen Verhaltens heraus. Wir erwarten bestimmte Dinge von ihnen, weil wir diese selbst wichtig finden. Die meisten Missverständnisse, die ich in der Praxis erlebe, beziehen sich auf das Einrichten lebensnotwendiger Ressourcen und das gegenseitige Zeigen von Zuneigung.

In den Bereichen, in denen wir Katzen mehr als Menschen behandeln müssten, tun wir das zu wenig. Beispiele sind etwa das Einrichten von ausreichend vielen Fressplätzen und die Hygiene.

Wir, als soziale Wesen, haben am Tisch gern einen eigenen Teller und einen eigenen Stuhl. Doch werden viele Katzen als solitäre Jäger gezwungen, den Fressplatz mit anderen Katzen im Haushalt zu teilen. Für sie geht es um die Plätze, nicht um die Zahl der Pfoten.

Ein weiteres Beispiel ist die Katzentoilette. Gehen Sie auch gern auf eine dreckige Toilette? Wir sorgen doch auch dafür, dass die Toilette für das nächste Mal sauber ist. Und trotzdem erleben wir häufig Katzen mit Problemen bei der Stubenreinheit, da der Besitzer die Toilette nur alle paar Tage säubert.

Wir nutzen hier ihren unglaublichen Instinkt für Reinlichkeit aus. Ab und zu sagt dann eine Katze: „Nein, danke, diese Toilette ist mir zu dreckig, die benutze ich nicht." Ist doch logisch, oder?

Bei anderen Gelegenheiten behandeln wir Katzen dann wieder zu sehr als Mensch, und zwar genau dann, wenn wir eigentlich typische ursprüngliche primäre Katzenzüge im Blick haben sollten.

Denken Sie an direkten Blickkontakt und die frontale Annäherung – Handlungen, die von Katzen als sehr bedrohlich empfunden werden. Wenn in der nordafrikanischen Savanne ein Wesen mit starrem Blick schnurstracks auf Sie zuläuft, dann würden Sie doch auch sehen, dass Sie wegkommen!

Es ist wichtig, sich die Grundbedürfnisse Ihrer Katze noch einmal genau anzuschauen. So können Sie mit einigen kleinen Veränderungen im Haus viel für das Wohlbefinden und den Alltagsablauf Ihrer Katzen bewirken.

Lassen Sie sich nicht abschrecken, denn mit dem folgenden Kapitel möchten wir Sie vor allem inspirieren und Ihnen durch Tipps einige zusätzliche Einsichten vermitteln.

Auch wenn Sie denken: „Damit hat meine Katze keine Probleme, warum also sollte ich etwas verändern?", möchte ich Sie trotzdem ermuntern, etwas umzustellen und Neues auszuprobieren. Mag sein, dass Ihre Katze bisher mit einer Sache kein Problem hatte, weil ihr keine andere Option blieb. Vielleicht kann Ihre Katze aber noch glücklicher werden? Sie sollten sich überraschen lassen!

Der rote Faden im Leben Ihrer Katze: Vorhersehbarkeit, Wiedererkennbarkeit, Sicherheit

Wie schon beschrieben, ist eine Katze fortwährend damit beschäftigt, ihre Umgebung zu scannen und einzuschätzen. Die drei wichtigsten Eigenschaften einer idealen Umgebung sind demnach: Vorhersehbarkeit, Wiedererkennbarkeit und Sicherheit. Diese drei Begriffe lernen Sie als guter Katzenbesitzer am besten auswendig.

Katzen sind sehr stressempfindlich aufgrund ihres unglaublichen evolutionären Anpassungsvermögens, durch das sie schon seit Tausenden von Jahren als solitärer Jäger überleben konnten. Doch die Stressanfälligkeit bedeutet für unseren Haushalt, dass Katzen alles sehen und wahrnehmen.

Vorhersehbarkeit

Vorhersehbarkeit in Bezug auf die Umgebung bedeutet, dass eine Katze sich ihre eigene vorhersehbare Routine schaffen kann. Diese Routine ist wichtig, um für bedrohliche oder gefährliche Situationen mögliche Szenarien parat zu haben.

Türen, die manchmal geschlossen und dann wieder geöffnet sind, erlauben keine Vorhersehbarkeit. Katzentoiletten, die nachts an einer anderen Stelle stehen als tagsüber, sind ebenso wenig vorhersehbar. Besitzer, die ihre Katzen das eine Mal kurz und liebevoll streicheln und der Katze beim nächsten Mal Kletten aus dem Fell ziehen, sind unvorhersehbar. Oder Besitzer, die manchmal auf die Signale der Katze reagieren, und ein anderes Mal nicht, sind genauso unvorhersehbar.
Haben Sie eine Katze, die an einer geschlossenen Tür im Haus miaut, aber nicht durchgehen will, wenn Sie die Tür öffnen?

Die Katze will gar nicht durch die Tür gehen, sondern es geht ihr darum, dass die Tür geöffnet bleibt, für den Fall, dass sie wegen einer drohenden Gefahr hindurchlaufen muss. Eine Katze will wählen können, erinnern Sie sich? „Keep all options open", könnte man sagen.

Wenn Sie einen Pappkarton ins Haus stellen, wird die Katze den Karton anfangs häufig benutzen. Er ist neu und schön und ein ideales Versteck. Nach einiger Zeit wird sie den Karton weniger interessant finden. Sie wollen ihn dann wegwerfen, da Sie glauben, dass er die Katze langweile, dass sie ihn nicht mehr schön findet und dass sie ihn nicht mehr braucht. Falsch gedacht! An dieser Stelle läuft es schief. Der Karton, der dort steht, ist für die Katze ein vorhersehbares Versteck, das sie jederzeit nutzen kann, wenn Gefahr droht, aber trotzdem nicht ständig nutzen muss.
Allein die Existenz des Kartons sorgt dafür, dass sich die Katze wohlfühlt und in aller Ruhe umherlaufen kann. Wenn Sie den Karton mit Altpapier nach draußen stellen, denkt die Katze: „Verflixt, nun muss ich wieder besonders auf der Hut sein, denn mein vertrautes, vorhersehbares Versteck für den Notfall ist weg."

Innerhalb ihres Reviers braucht Ihre Katze Wahlmöglichkeiten. Das bedeutet, dass sie mehrere Optionen pro Teil oder Ressource haben muss, die sie nutzen kann. Wählen zu können bedeutet, dass etwas vorhanden ist und dass es immer auch verschiedene Varianten oder Möglichkeiten gibt, aus denen sie wählen kann. „Soll ich hierhin gehen? Oder da fressen? Benutze ich die Katzentoilette im zweiten Stock oder die im Erdgeschoss?" Ihre Entscheidungen trifft die Katze immer mit Blick auf Sicherheit, persönliche Vorlieben und angelerntes Verhalten. Diese Wahlmöglichkeit sorgt für Ruhe und Vorhersehbarkeit, denn die Katze lernt, dass sie immer eine sichere Wahl treffen kann, wenn sie etwas braucht.

Wiedererkennbarkeit

Bei der Wiedererkennbarkeit geht es darum, dass Ihre Katze die Möglichkeit bekommt, Dinge zu etikettieren, sodass sie beim nächsten Mal genau weiß, was sie tun muss, wenn sie irgendwo vorbeikommt. Wir sind bereits im Kapitel über Pheromone und Kommunikation über Düfte näher darauf eingegangen. Muss die Katze auf der Hut sein? Kann sie sich wohlfühlen? Oder muss sie flüchten? Die Katze hinterlässt an besonderen, für sie wiedererkennbaren und wichtigen Stellen ihres Revieres Duftspuren. Anhand dieser Duftzeichen und ihrer bisherigen Erfahrungen wird sie ihre Umgebung als wiedererkennbar oder nicht wiedererkennbar erleben. Wenn Letzteres der Fall ist, wird sie sich nicht mehr wohlfühlen.

Wenn Sie sich eine neue Katze anschaffen, ein neues Sofa kaufen oder im Haus renovieren, dann geben Sie Ihrer Katze Zeit, in Ruhe alles zu beschnuppern und zu entdecken. Schaffen Sie ausreichende und möglichst mehrere Optionen für Ressourcen, die sie nutzen kann, damit sie in ihrem eigenen Tempo die veränderte Umgebung entdecken und etikettieren kann. Bedeutet das, dass Sie im Haus nichts mehr verändern können? Natürlich nicht! Wir sollten realistisch bleiben. Solange Sie der Katze Zeit und Hilfsmittel geben, alles zu entdecken und Duftmarken zu hinterlassen, wird sie entspannt damit umgehen. Das fördert ihr Wohlbefinden und Glücksgefühl. Und genau darum geht es in diesem Buch!

Sicherheit

Es ist selbstverständlich, dass die Umgebung der Katze frei von Stressfaktoren und drohenden Gefahren (fremde Katzen, laute Geräusche und große unbekannte Hunde) sein sollte.

Doch mit Sicherheit meinen wir auch die indirekte Form, wie zugängliche und effiziente Durchgänge in ihrem Revier, Zugang zu Grundressourcen, und auch den Umgang mit Gefahr und entsprechende Hilfsmittel. Es geht nämlich nicht nur darum, was Sie Ihrer Katze anbieten können, sondern auch um die Art (Wie), die Stelle und den Ort (Wo) und die Möglichkeiten und Momente (Wann).

Wir geben Ihnen einige Beispiele, um das darzustellen:

BEISPIEL – Ines stellt ihren Katzen in der Küche Fressen und Trinken hin und platziert die Katzentoilette im Abstellraum. Es gibt eine Tür zwischen Wohnzimmer und Küche. Das sorgt für Stress, weil Ines und ihr Freund diese Tür häufig als Durchgang nutzen, aber auch, weil der Zugang zu ALLEN Ressourcen versperrt ist, wenn in der Türöffnung eine Katze sitzt. Und Katzen versperren häufiger den Zugang zu Basisressourcen, wenn diese an ein und derselben Stelle stehen; es herrscht nämlich Mangel und selbstsichere Katzen können es dann nicht lassen, die Ressourcen zu bewachen und für sich in Anspruch zu nehmen. Solitäre Jäger, Sie erinnern sich? Da der Durchgang unvorhersehbar und unsicher ist, spüren Katzen durchgängig Stress, sowohl wenn sie fressen, trinken oder die Katzentoilette aufsuchen wollen, aber auch den Rest des Tages, da sie ein allgemeines Unruhegefühl verspüren, in der Art von „wenn ich gleich fressen will, dann kann es sein, dass …"

BEISPIEL – Dem modernen Wohntrend folgend, baut man heute große bodentiefe Fenster ein, einer der größten Stressfaktoren für Katzen, da sie sich durch fremde Katzen, die von draußen ins Haus starren, ständig bedroht fühlen. Starren kann bei Katzen als sehr aggressiv erfahren werden (auch wenn es so aussieht, als würden sie „freundlich" nach innen schauen) und Ihre Katze wird auf der Hut sein und nicht in Ruhe alle Ressourcen nutzen, die Sie für sie in diesem Raum aufgestellt haben. Bringen Sie also möglichst eine lichtdurchlässige Folie in Rollenbreite unten am Fenster an, die etwa der Widerristhöhe der Katze entspricht. Was ich nicht weiß, macht mich nicht heiß ...

MANGEL
VERMEIDEN

Mangel vs. Überfluss

Mangel an Ressourcen heißt nicht unbedingt, dass es unzurei-chende Gegenstände oder Ressourcen gibt, sondern dass die Wahlmöglichkeiten nicht ausreichen. Eine Katze möchte und muss wählen können, an welcher Stelle sie welchen Gegenstand oder welche Ressource am liebsten nutzt. Außerdem muss sie diese Wahl auf vorhersehbare Art und Weise treffen können. Wenn Sie ihr die Wahl geben, dann bedeutet das auch ein Ge-fühl von Kontrolle und Sicherheit. Ihre Katze kann somit jederzeit allein die richtige oder sichere Wahl treffen, die für sie in dem Moment am besten ist.

Ihre Katze darf deshalb bei keiner einzigen Grundressource nur eine einzige Möglichkeit haben. Und wenn es im Haushalt mehrere Katzen gibt, dann sollte immer eine zusätzliche Reserveressour-ce vorhanden sein. Diese Regel bedeutet, dass bei der Zahl der Orte mit n+1 gerechnet werden muss. Das heißt, die Anzahl der Katzen, plus 1 Reserve. Es geht also nicht darum, wie viele Res-sourcen Sie an 1 Stelle oder an 1 Ort einrichten, denn das würde noch als 1 zählen. Stellen Sie beispielsweise 5 Fressnäpfe an eine Stelle, dann bieten Sie streng genommen nur 1 Ressource an.

Erst wenn Sie die n+1-Formel anwenden, hat Ihre Katze den ganzen Tag über die Wahl: „Ah, dort ist es nicht sicher, da meine Schwester dort gerade frisst, und wir fressen nicht so gern zu-sammen, also gehe ich ins andere Zimmer und fresse dort" oder „ich muss mal, aber Balou sitzt oben im Flur und beobachtet alles, das mag ich nicht, also muss ich zur Kiste ins Gästeklo gehen". Katzen sind Opportunisten und müssen für sich selbst immer eine sichere Wahl treffen können. Verständlich, oder? Wie sieht es denn bei uns aus?

Katzen machen am liebsten alles allein: Fressen, Trinken, Schlafen, Jagen, Verstecken, Kratzen und so weiter. Sorgen Sie dafür, dass jede Funktion für jede Katze erreichbar ist und dass die Möglichkeiten verteilt und mehrfach vorhanden sind. Ich sehe bei Kunden viel zu oft spezielle „Katzenzimmer", wobei den Katzen nur in diesem einzigen Raum ihre Ressourcen zur Verfügung stehen, und das ist für eine Gruppe von Katzen sicher nicht ideal.

Eine Katze hat am liebsten alles im Haus verteilt, nur dann kann sie wählen. Aus diesem Grund bin ich persönlich auch kein Fan von klassischen Kratzbäumen, weil sie oftmals zu viele Funktionen in sich vereinen: Höhe, Verstecken und Kratzen. Diese drei verschiedenen Funktionen hat eine Katze am liebsten in ihrem Revier verteilt, also in drei unterschiedlichen Bereichen (Kerngebiet, Lebensraum, Jagdgebiet) und nicht alle an derselben Stelle. Zudem ist so ein Kratzbaum nicht unbedingt ein schöner Anblick, um nicht zu sagen, er ist hässlich und plump. Deshalb stellen die meisten Menschen ihn am liebsten weit weg in eine Ecke der Wohnung, damit er sie nicht zu sehr stört. Und genau dort braucht eine Katze diese Funktionen überhaupt nicht, obwohl die Besitzer glauben, alles Notwendige im Haus zu haben.

(n+1) lautet die goldene Regel, von der Sie nicht abweichen dürfen.

Einrichten der Umgebung

Supermarktphase

Wir wollen die Umgebung der Katze optimaler gestalten, damit sie sich glücklich fühlt. Aber woher wissen wir, wo was stehen muss, was ihr gefällt und was nicht? Da gibt es nur eine Antwort: Experimentieren! Deshalb spreche ich immer von einer „Supermarktphase": einen Zeitraum von vier bis sechs Wochen, in dem wir der Katze mehrere Optionen bieten und sie selbst wählen lassen. Das bedeutet wirklich, sechs Wochen die Zähne zusammenzubeißen und dem Partner oder Mitbewohner klarzumachen, dass das übermäßige Angebot an Ressourcen nicht für ewig ist.

Zu Beginn dieser Periode entfernen Sie keine bekannten und vorhersehbaren Gegenstände und stellen auch nichts um, sondern setzen nur weitere Gegenstände hinzu. Während der Supermarktphase gilt die Regel für die Zahl der Orte (n+1) x 2 (bei weniger als 5 Katzen) oder n x 2 (bei mehr als 5 Katzen).

In diesem Zeitraum haben Ihre Katzen die Möglichkeit, ihr Revier neu aufzuteilen und aus Erfahrung zu lernen, was sichere Wahlmöglichkeiten für sie sind. Erst dann können Sie schrittweise Gegenstände entfernen, die nie benutzt werden.

Für Familien, die Katzen mit Schwierigkeiten haben, oder für größere Gruppe mit internen Spannungen können Sie die Supermarktperiode jedes Jahr neu einrichten. Es kann sich in der Umgebung, bei den Nachbarn oder in den individuellen Vorlieben der im Haus lebenden Katzen etwas verändern. Auch beim Tod oder bei einer neu ins Haus kommenden Katze können Sie die Supermarktphase durchlaufen. Es ist jedoch unbedingt nötig, die Ressourcen und den zur Verfügung stehenden Bereich neu aufzuteilen.

Ikea & Co.

Feste Klienten, die in meine Praxis kommen, fragen mich manchmal lachend, ob ich Anteile an Ikea besitze, da ich sie für Katzensachen so häufig in die „normalen" Läden wie Ikea, Action oder
in Secondhandläden schicke.

Inspirierende Katzensachen müssen nicht immer teuer sein und
aus dem Spezialladen oder der Tierhandlung kommen. Seien Sie
kreativ, machen Sie sich auf die Suche und experimentieren Sie
ein wenig!

Oder anders ausgedrückt: Gehen Sie dorthin, wo Sie das finden,
was Ihre Katze braucht, und nicht umgekehrt.

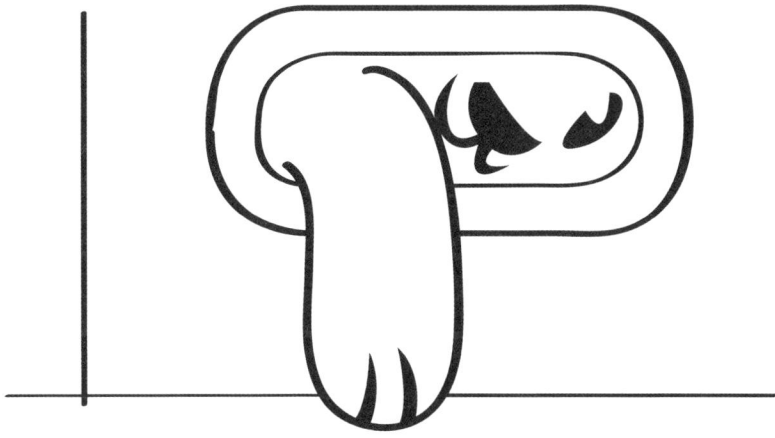

„Indem wir an den richtigen Stellen Ressourcen einsetzen, schaffen wir ein vorhersehbares und erkennbares Umfeld. Ihre Katze wird so dankbar sein."

Anneleen Bru

SICHER ODER UNSICHER?

Um eine klare Übersicht darüber zu erhalten, was eine glückliche Katze im Haus wirklich braucht, arbeiten wir in der Praxis mit zwei Bereichen: „SICHER" und „UNSICHER".

SICHER bezieht sich auf Grundressourcen, die wir an sicheren Stellen einrichten, damit sie für die Katze jederzeit vorhersehbar und sicher zugänglich sind. Sichere Orte sind versteckte Ecken, unter dem Schreibtisch, zwischen Schrank und Wand und so weiter. Es sind meist Stellen, an denen nicht viel passiert, wo die Katze nicht durch plötzliche Geräusche, Gerüche und Bewegungen aufgeschreckt wird. Wenn ihre Ressourcen nicht sicher zugänglich sind, dann wird Ihre Katze meist unruhig. Das hat nicht nur Einfluss auf ihr Verhalten und ihr allgemeines Wohlbefinden, sondern auch auf ihre Gesundheit. Chronischer Stress sorgt dafür, dass sie erkrankt oder ein Urin- oder Blasenproblem bekommt. Ein gestresster Körper ist ebenfalls nicht fürs Fressen empfänglich, sodass die Katze sich leicht übergibt oder mit dem Fressen überhaupt nicht mehr aufhören kann.

UNSICHER bezieht sich auf die Werkzeuge oder Dinge, die eine Katze braucht, um mit Bedrohung oder Gefahr umzugehen. Eine drohende Gefahr an sich ist in Ordnung, WENN man sie kommen sieht, und dann entscheiden kann, wie damit umzugehen ist.

Wenn Sie bestimmte Gegenstände an unsicheren Orten platzieren, geben Sie Ihrer Katze das notwendige Werkzeug an die Hand, auf vorhersehbare Weise die drohende Gefahr mit einzukalkulieren und dann auch an der Stelle, wo sie sich zeigt, wirksam damit umzugehen.

Das führt zu einer insgesamt ruhigeren Haltung der Katze, da Sie die Umgebung für sie wesentlich vorhersehbarer und kontrollierbarer machen.

Zu den unsicheren Orte zählen beispielsweise Durchgänge, Türöffnungen, Flure, Treppenhaus, Gang, Windfang, der Platz rund um stinkende Biotonnen in der Garage, Katzenklappen und andere Stellen, an denen die Chance besteht, auf andere Katzen und Lärm zu treffen, etwa in der Küche oder im Wohnzimmer.

SICHER	UNSICHER
Fressen	Kratzplätze
Trinken	Höhere Plätze
Katzentoilette	Visuelle Barrieren
+ Kratzplätze + höhere Plätze + visuelle Barrieren	+ Trinken

Es ist natürlich erlaubt, Dinge, die sonst an UNSICHEREN Orten stehen, an SICHERE Orte zu stellen. Sie werden dort aus anderen Gründen verwendet, werden aber dort bestimmt von Nutzen sein und eine Funktion erfüllen.

Umgekehrt ist das nicht der Fall. Ab und zu kann das Trinken auch an unsicheren Durchgängen stehen, wo die Trinkquellen dann auch genutzt werden. Fressen und Katzentoilette müssen aber IMMER an SICHEREN Stellen stehen. Stehen sie an UNSICHEREN Orten, dann wird das Probleme mit sich bringen, wie vor allem fehlende Stubenreinheit und Angst.

„Trinken und Essen niemals zusammen anbieten! Dies ist für Katzen absolut unnatürlich und nimmt ihr die Motivation zu trinken."

Anneleen Bru

FRESSEN &
TRINKEN

Fressen & Trinken separat anbieten

Aha, die allerwichtigsten Ressourcen für die Katze! Wenn wir diese optimieren, dann muss sie sich darum schon mal keine Sorgen mehr machen. Wir stellen nie Fressen und Trinken zusammen hin.

Bevor wir die Fress- und Trinkplätze Ihrer Katze in der Praxis optimieren, schauen wir uns zunächst Hintergrundinformationen an, die dazugehören. Werden Ressourcen vorhersehbarer gestaltet und wird Katzen eine Wahlmöglichkeit eingeräumt, dann sorgen Sie bei der Katze für ein allgemeines Gefühl von Ruhe und Kontrolle. Um das zu schaffen, experimentieren wir eine Zeitlang mit den Ressourcen.

Die Wahrscheinlichkeit ist groß, dass Ihre Katze bisher alles klaglos akzeptiert hat, was Sie für sie bereitgestellt haben, da ihr keine andere Wahl blieb. Erkenntnisse über die natürlichen Instinkte der Katze werden Sie aber zum Probieren und Experimentieren anregen.

Zuallererst sei gesagt, dass Katzen selten eine Beute neben einem Teich fangen. Beutetiere wie Mäuse erhalten ausreichend Flüssigkeit aus ihrer Nahrung, sodass sie nicht an denselben großen offenen Wasserflächen trinken müssen, an denen größere Raubtiere, wie unsere Katzen, trinken.

Katzen werden in der Natur ebenfalls nicht oft trinken, da sie über ihre lebende Beute viel Flüssigkeit aufnehmen. Beides zusammengenommen sorgt dafür, dass der Ort und die Art, wie wir der Katze im Haus Wasser anbieten, wichtig sind.

Katzen müssen heutzutage extra stimuliert werden, Wasser zu trinken, da sie im Vergleich zu früher mehr Wasser brauchen, da sie inzwischen keine lebende Beute mehr fressen, sondern trockene Brocken. Trockenfutter enthält viel weniger Flüssigkeit (ungefähr 10 %) im Vergleich zu einer Maus (60 %). Für die Gesundheit der Katze ist es also wichtig, dass sie ausreichend, also mehr, trinkt, vor allem mit zunehmendem Alter.

Darum sollten Sie Fressen und Trinken niemals nebeneinander platzieren, was jedoch die meisten Katzenbesitzer tun und als völlig normal empfinden. Wir essen und trinken doch auch gleichzeitig? Und die meisten Schalen bestehen doch aus zwei Teilen: eine für Wasser und eine für Futter? Werfen Sie diese Art von Schalen am besten weg.

Wenn Sie Fressen und Trinken nebeneinanderstellen, dann demotivieren Sie die Katze, zu trinken, denn:

○ Anders als Menschen fressen Katzen nicht erst und trinken dann, sondern machen das zu unterschiedlichen Zeiten.

○ Fressen ist für sie wichtiger als Trinken. Wenn sie also zu einer Stelle gehen, an der beides steht, wird sie sich fürs Fressen entscheiden.

○ Wenn Fressen und Trinken nebeneinanderstehen, spüren Katzen instinktiv, dass das Trinken verunreinigt sein könnte, sodass sie weniger animiert werden, zu fressen und zu trinken.

Fressen anbieten

Die Nahrungssuche gehört zu den wichtigsten Beschäftigungen einer Katze und rangiert vor allem anderen. Katzen sind obligatorische Fleischfresser, was bedeutet, dass sie viel Eiweiß und Fette brauchen und die sind in der durchschnittlichen Beute enthalten. Sie brauchen wenig Ballaststoffe, praktisch nicht mehr, als das, was die Maus in ihrem Magen hat, und so gut wie keine Kohlenhydrate.

Katzen fangen in der Natur etwa acht bis zehn Beutetiere pro Tag und fressen so mehrmals am Tag kleine Happen. Wir sehen häufig, dass unsere Katzen gern 10- bis 20-mal am Tag zu ihrem Fressnapf laufen, um kleine Bissen zu sich zu nehmen. Die Magenfunktion und der Verdauungsapparat sind darauf abgestimmt. Es ist also sehr wichtig, dass wir der Katze einen natürlichen Fressrhythmus bieten, der ihr die Selbstkontrolle über das Wo und Wie beim Fressen gibt.

Für gesunde Katzen ist eine Ernährung nach Belieben das Beste (vorausgesetzt, es gibt entsprechende Umstände wie mehrere Fressplätze, besondere Anreize, angepasste Ernährung und ausreichend Bewegung durch tägliche Spieleinheiten).

Das bedeutet, dass immer auch kleine Brocken an mehreren Fressplätzen vorzufinden sein sollten. Nur einen Fressnapf zu füllen, ist zu wenig, da Katzen von Natur aus nie an derselben Stelle Beute finden und fressen. Wenn nur an einer Stelle Futter liegt, widerspricht das eigentlich der Natur der Katze.

Wenn Sie Ihrer Katze, wann immer sie möchte, mehrere kleine Mahlzeiten an sicheren Orten anbieten, hat das sowohl physische als auch psychische Vorteile. Die Wahrscheinlichkeit von FLUTD (feline lower urinary tract disease) nimmt ab und auch die negativen Emotionen wie Frustration und Angst und ein Verhalten wie Nervosität und Aggression werden weniger.

Stellen Sie nach dem Supermarktprinzip laut n+1-Regel immer einen Fressnapf mehr auf, als Sie Katzen haben. Aber es kann nicht schaden, noch ein paar zusätzlich hinzustellen. Fressen ist äußerst wichtig! Nach einiger Zeit können Sie die Fressnäpfe wegstellen, die nicht benutzt werden.

Im Prinzip frisst eine Katze nicht mehr, als sie braucht, und deshalb „überfrisst" sie sich auch nicht. Wenn Ihnen der Tierarzt einen guten Grund nennt, warum Sie das Futter nicht mehr beliebig geben sollten, weil zum Beispiel Erkrankungen dagegensprechen, dann hat das Vorrang. In der Praxis erlebe ich jedoch, dass viel zu schnell empfohlen wird, der Katze beispielsweise nur zweimal am Tag Futter zu geben, da sie übergewichtig ist.

Dies kann auch genau den gegenteiligen Effekt haben und dazu führen, dass Ihre Katze sehr unruhig wird und sich noch stärker auf das Fressen fixiert. Wir empfehlen hier, eine Kombination anzustreben von natürlichem Fressplan, Fressanreizen, bei der die Katze für das Fressen etwas tun muss, entsprechend kalorienarmem Futter, viel Spielen, um Kalorien zu verbrennen, einer Anpassung der Umgebung, um Klettern und Spielen zu fördern, und mehreren Fressplätze, damit kein Mangelgefühl entsteht.

Anti-Schling-Napf

Die Verwendung von Anti-Schling-Näpfen ist zum Fressen allgemein empfehlenswert. Katzen müssen dann für ihr Fressen etwas tun. Das ist überhaupt nicht bedauerlich oder traurig, es entspricht dem natürlichen Verhalten und ist somit vollkommen normal. Nicht alle Katzen verstehen das Prinzip sofort, doch die meisten Katzen kommen schnell damit klar.

Anti-Schling-Näpfe werden meist in der Hundeabteilung im Tierhandel verkauft.

  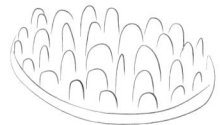

Wenn Sie echte Aggression zwischen Katzen beobachten, dann sollten Sie den Schwierigkeitsgrad, ans Futter zu kommen, nicht erhöhen. Zuerst muss die Spannung zwischen den Katzen abgebaut werden, dann können Sie sie für ihr Fressen arbeiten lassen.

Wir machen auf jeden Fall einen Unterschied zwischen „festen" Fressstationen, die an ein und derselben Stelle immer zugänglich sind, wie etwa die Näpfe hier oben und „mobilen" Stationen wie Fressbällchen. Diese Fressbällchen fallen nicht unter die n+1-Regel, sondern zählen extra.

Trinken anbieten

Wir können natürlich Wasser verwenden, um ein natürliches Verhalten zu stimulieren. Katzen haben naturgemäß Vorlieben, aber allgemein gibt es einige Dinge, die wir als Faustregel verwenden können, wenn es darum geht, Trinken anzubieten. Versuchen Sie es!

○ Stellen Sie das Trinken weit entfernt vom Fressen hin. Katzen möchten, wie schon erklärt, nicht am Fressnapf trinken. Das ist übrigens auch der Grund, warum Katzen häufig Wasser aus einem Glas trinken, am Wasserhahn stehen und betteln, Regen vom Fenster ablecken oder sogar aus der Toilette trinken.

○ Stellen Sie die Wassernäpfe sowohl an einem versteckten, ruhigen Ort auf als auch an der täglichen Laufstrecke Ihrer Katze, wie etwa im Flur und an Orten, an denen viel Bewegung ist, wie etwa im Wohnzimmer.

○ Stellen Sie den Wassernapf etwa 20 bis 30 cm von der Wand entfernt auf und nicht dagegen. Katzen werden sich meist dafür entscheiden, zwischen Napf und Wand zu sitzen. Sie fühlen sich sehr verwundbar, wenn sie trinken, und wollen gern den ganzen Raum im Blick haben. Die Mauer in ihrem Rücken beruhigt sie.

○ Katzen ziehen regelmäßig fließendes Wasser stehendem Wasser vor. Instinktiv wissen sie, dass stehendes Wasser ein größeres Risiko birgt, da es mehr Bakterien enthalten kann.

Doch das garantiert nicht, dass sie einen Springbrunnen schöner finden als Wassernäpfe. Es geht eher um die Frische des Wassers und das Spielerische an fließendem Wasser, wie etwa auch beim Trinken aus dem Wasserhahn.

○ Katzen bevorzugen Regenwasser oder gefiltertes Wasser gegenüber Wasser aus dem Wasserhahn. Fangen Sie also ruhig Regenwasser auf und bringen Sie es mit ins Haus. Es regnet häufig genug.

○ Vermeiden Sie Plastiknäpfe, denn sie geben dem Wasser einen unangenehmen Geschmack. Verwenden Sie stattdessen lieber Edelstahl, Glas, Keramik, Ton, Porzellan oder Ähnliches.

○ Katzen mögen große ovale oder runde Oberflächen, damit ihre Schnurrhaare nicht an den Rand der Wasserquelle stoßen. Das mögen sie gar nicht. Ihre Schnurrhaare sind äußerst empfindlich, Sie erinnern sich?

○ Entscheiden Sie sich entweder für große Oberflächen wie bei Vasen (wobei der Fuß größer ist als die Öffnung) oder große Oberflächen von mindestens 20 cm Durchmesser wie Salatschüsseln, niedrige Vasen, Suppenteller und Ähnliches. Auch hier gilt wieder: Lang lebe Ikea, Action… und der Secondhandladen.

„Als Raubtier fühlen sich Katzen auf ihrem Katzenklo sehr ungeschützt. Höchste Zeit, ihnen zu geben, was sie brauchen – und das ist kein klassisches Katzenklo."

Anneleen Bru

KATZEN-
TOILETTEN

Die Katzentoilette

Die Katzentoilette: viel diskutiert, aber kaum verstanden. Und wir wollen ehrlich zugeben, dass es bei der Katzentoilette niemandem warm ums Herz wird. Das Reinigen oder das tägliche Entleeren der Katzenexkremente ist nichts, auf das sich der Katzenbesitzer freut. Doch gerade deshalb ist es wichtig, die Katzentoilette einmal genauer unter die Lupe zu nehmen! Denn allzu oft kann hier einiges verbessert werden. Die Katzentoilette und alles rund um den Toilettengang sind äußerst wichtig für das Wohlbefinden Ihrer Katze.

Wie zu Beginn des Buches schon ausführlich beschrieben, stammt die Hauskatze von einem Vorfahren ab, der vor Tausenden von Jahren in der nordafrikanischen Savanne die Toilette aufsuchte. Dort ist der Boden aus feinem, weichem Sand ideal für die sehr empfindlichen Pfoten und den natürlichen Instinkt, Kot und Urin zu vergraben.

Als Fleischfresser produzieren Katzen eiweißreichen Kot, der möglicherweise größere Raubtiere anlocken könnte. Deshalb graben sie ihre Exkremente ein. Und ebenfalls deshalb fühlt sich eine Katze auf der Katzentoilette äußerst verwundbar und es ist daher wichtig, dass alles rund um ihren Toilettengang in Ordnung ist.

Das Bedürfnis, stubenrein zu sein, ist bei Katzen derart ausgeprägt, dass sie selbst dann die Toilette aufsuchen, wenn diese nicht oder nur teilweise sauber ist. Doch das darf kein Grund sein, um die Katzentoilette Ihrer Katze nicht optimaler zu gestalten.

Wenn die Katzentoilette in keinem guten Zustand ist, kann das zu Problemen mit der Stubenreinheit führen. Die Katze wird sich dann für „ihr Geschäft" einen anderen Ort suchen.

Achten Sie beim Aufstellen der Katzentoiletten deshalb auf folgende Punkte:

Die Orte

Katzen haben für ihre kleinen und großen Bedürfnisse am liebsten zwei separate Orte. Das bedeutet, dass eine Katze mindestens zwei Katzentoiletten braucht. Das lässt sich leider nicht ändern, egal, wie Sie das finden und wie sehr Sie sich auch vor Katzentoiletten ekeln. We feel your pain.

Allerdings werden sich Katzen voraussichtlich auch mit nur einer Kiste zufriedengeben, da sie extrem stubenrein sind. Das muss auch. Wie schon gesagt: Durch den reinen Fleischkonsum und ihren kurzen Verdauungsapparat, haben ihre Exkremente einen hohen Eiweißgehalt, was größere Raubtiere anlocken könnte. Es ist daher für sie lebenswichtig, alles an der richtigen Stelle gut zu vergraben. Wenn es nur eine Katzentoilette gibt, ist das suboptimal für die Katze, und die Wahrscheinlichkeit, dass sie nicht stubenrein ist, sondern „Alternativen sucht" erhöht sich.

Wenn Sie mehrere Katzen haben, dann halten Sie sich an die allgemeine Aufstellregel von n+1. Viele Besitzer werden da schnell blass. Wenn Sie beispielsweise sechs Katzen haben, dann müssen Sie laut dieser Regel sieben Kisten aufstellen!

Keine Panik, es gibt noch ein Hintertürchen! Sie dürfen auch ausrechnen, wie viele soziale Gruppen Sie haben, und diese Zahl, statt der Zahl der Katzen, als „n" einsetzen. Das würde im

Prinzip reichen. Aber wenn doch Probleme mit der Stubenreinheit auftreten? Dann gehen Sie wieder zur Mindestzahl Ihrer Katzen (=n) + 1 über.

Größe & Art der Katzentoilette

Offen, geschlossen, mit oder ohne Tür? Die ewig gleichen Fragen von Katzenbesitzern zur Katzentoilette.

Sie sollten eins wissen: Die klassische Katzentoilette, wie sie in den meisten Tierhandlungen angeboten wird, sieht völlig anders aus, als die, die Ihre Katze wählen würde. Wenn Sie dennoch eine klassische Kiste einsetzen wollen, dann sollte diese auf jeden Fall groß genug sein.

Das heißt: mindestens eine XL-Größe. Also die größte, die Sie im Laden finden können. Eine Katzentoilette muss mindestens anderthalbmal länger sein als Ihre Katze. Die Tür nehmen Sie heraus, denn sie scheuert am sehr empfindlichen Katzenschwanz und kann sich als zusätzliches Hindernis bei ihrem Drang zur Toilette erweisen.
Ob Sie sich für eine geschlossene Kiste entscheiden, hängt von der Vorliebe der Katze ab. Bieten Sie zunächst beide an und schauen Sie, für welche sie sich entscheidet.

Ihre Katze wird sich besonders über einen runden Wäschekorb freuen, ohne Öffnungen an den Seiten und mit etwa 60 cm Durchmesser, oder über einen offenen Behälter ohne Deckel von etwa 70 cm Länge und 35 cm Höhe.

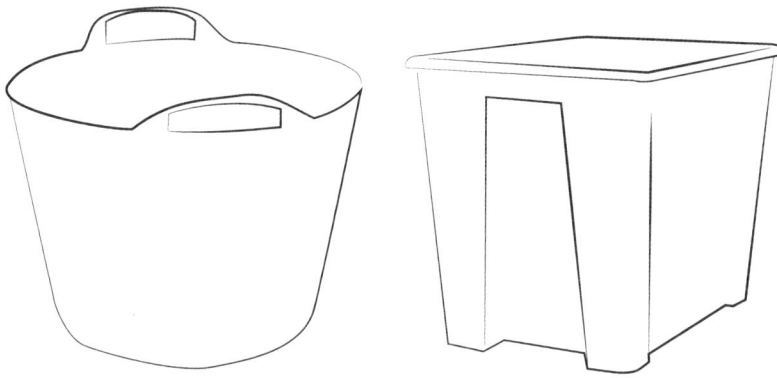

Die Behälter haben große Vorteile. Zum einen fühlt sich die Katze durch die hohen Ränder sicherer, kann aber gleichzeitig noch alles im Blick behalten. Das Verlassen der Katzentoilette kann nämlich für Ihre Katze ziemlich stressig sein. Katzen werden, wenn sie auf der Toilette sitzen, häufig von einer anderen Katze gestört, die den Eingang blockiert oder von oben in den Behälter springt. Da die Behälter von oben offen sind, kann die Katze wählen, an welcher Seite sie den Behälter verlassen möchte.

Diese Behälter sind günstig im Preis und Sie können gut damit experimentieren. Denn wenn die Katze sie dann nicht benutzt, können Sie sie immer noch für etwas anderes gebrauchen. Zudem erzählen mir viele Katzenbesitzer, dass diese Behälter in der Umgebung weniger auffallen und man gleich mehrere anschaffen könne – und somit die Katzen in ihrer täglichen Notdurft unterstützen.

Bei jungen und alten Katzen sollten Sie bei dieser Art von hohen Behältern vorsichtig sein, da sie nicht so hoch springen können. Sie sollten an zwei Stellen einen Eingang schaffen, damit sie einfacher hinein- und hinausgehen können.

Hygiene

Wenn es um Hygiene geht, dann können Sie Ihre Katze ganz sicher wie einen Menschen behandeln. Wir gehen auch nicht gern auf eine Toilette, in der noch etwas vom vorherigen Besuch liegt, und vor allem dann nicht, wenn es nicht von uns selbst ist. Katzen empfinden genauso. Studien haben zwar gezeigt, dass es ihnen egal ist, ob das Päckchen von ihnen oder von jemand anderem stammt, doch bei Schmutz steigt die Wahrscheinlichkeit, dass die Katze nicht immer stubenrein ist.

Es ist also unheimlich wichtig, dass die Katzentoilette jeden Tag gereinigt wird. Wir wissen, das macht nicht besonders viel Spaß … aber es muss sein!

Eine Empfehlung für die tägliche Reinigung ist der sogenannte Litterlocker – ein Katzenstreu-Entsorgungseimer. Da hinein kommt die schmutzige verklumpte Katzenstreu mit Urin und Kot. Das System lässt sich mit einem Windeleimer für Babys vergleichen.

Über einen Schieber lassen Sie den dreckigen Sand mit der Notdurft in eine separate Kassette mit einem kompostierbaren Sack fallen. Der Einsatz eines Litterlockers (stellen Sie zum Beispiel einen neben jede Katzentoilette oder zumindest auf jede Etage) erspart Ihnen viel Zeit und ist äußerst hygienisch.

Je nach Anzahl der Katzen verknoten Sie den Beutel in der unteren Kassette einmal pro Woche, damit dieser geruchlos mit in den Müll kann. Sie können aufatmen – auch ganz wörtlich.

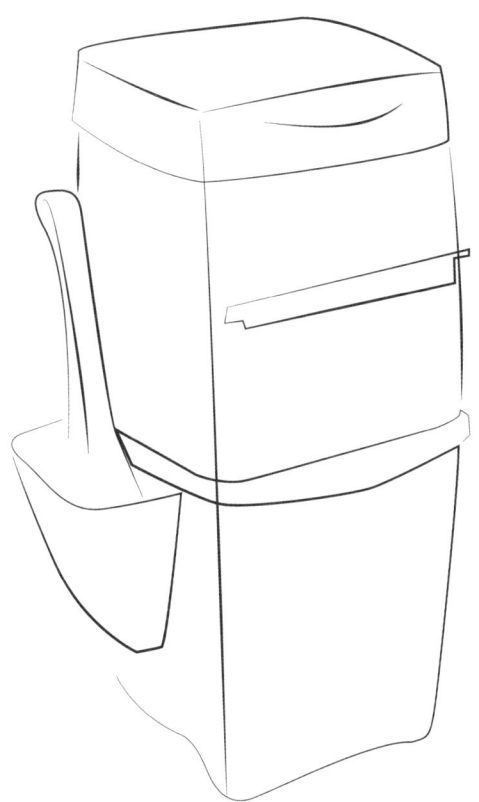

Katzenstreu

Wenn Sie in der Tierhandlung stehen, dann rattert es in Ihnen: Welche Marke soll ich nehmen? Auf welchem Sack steht alles, was mich überzeugt, der Preis ist wichtig, genau wie Kompostmenge und Ähnliches. Jeder trifft da seine eigene Kaufentscheidung.

Fangen wir bei der Theorie an. Katzen stammen aus der nordafrikanischen Savanne. Und, was liegt dort? Genau, sehr feiner Sand. Diese Tatsache, gepaart mit dem Wissen, dass Katzen sehr empfindliche Pfoten besitzen, die sie als sechsten Sinn einsetzen, zeigt, wie wichtig das Substrat in der Katzentoilette für die Katze ist.

GUT ZU WISSEN – Aus diesem Grund sind auch Kindersandkästen bei den Katzen der Nachbarschaft so beliebt: Sie enthalten sehr feinen Sand, der sich an den Pfoten der Katze wunderbar anfühlt. Zudem kann sie darin alles gut einbuddeln.

Doch warum entscheidet sich die Katze für einen bestimmten Sand? Sie mag Sand, der dem Wüstensand ähnelt, und das ist meist feinklumpige Katzenstreu, möglichst ohne zusätzliche Duftstoffe.

Ihre Katze benutzt immer brav ihre Katzentoilette mit feinklumpigem Sand mit Babyduft? Keine Panik! Vor allem die Beschaffenheit des Katzenstreus ist ihr wichtig.

TIPP – Die meisten Probleme mit mangelnder Stubenreinheit erlebe ich in meiner Praxis bei Katzen, die nur Holzstreu oder andere größere, dickere Streu (Silikat, Kalk oder Quarzsand) angeboten bekommen. Naturgemäß spielen alle Aspekte der Katzentoilette eine Rolle, aber hier können Sie damit rechnen, dass Ihre Katze auch mal neben die Kiste pinkelt.

„Katzen müssen in jedem Teil des Hauses an etwas kratzen dürfen. Dies ist ihre wichtigste Art, Stress abzubauen."

Anneleen Bru

KRATZEN

Kratzende Katzen kratzen mit den Tatzen

Katzen kratzen aus verschiedenen Gründen. Es ist daher eine gute Idee, in den drei Revierbereichen der Katze Kratzplätze einzurichten. Zu meinen Klienten sage ich immer: „Ihre Katze muss auf jedem Quadratmeter des Hauses einen leicht zugänglichen Kratzplatz in Sichtweite haben." Das gilt übrigens auch für Verstecke, doch dazu mehr im nächsten Kapitel.

In ihrem Kerngebiet, nahe dem Schlafplatz, kratzt die Katze gern für die Nagelpflege. Die Katzennägel wachsen von innen nach außen. Beim Kratzen verlieren sich kleine alte Hülsen und die Nägel bleiben gesund und scharf. Eine große senkrechte Kratzsäule im Wohnzimmer ist perfekt. Sorgen Sie dafür, dass diese Kratzstellen hoch genug sind, damit die Katze sich der Länge nach ausstrecken kann. Achten Sie darauf, dass die Kratzsäule stabil genug ist, denn häufig beginnen die Säulen schnell zu wackeln.

In ihrem Lebensraum wird die Katze vor allem kratzen, um Duftstoffe abzusetzen, damit sie ihre Umgebung wiedererkennt, aber auch, um beim Kratzen Stress durch unbekannte Gegenstände abzubauen, denen sie nicht traut.
Die Katze kratzt nicht unbedingt an diesen Gegenständen selbst, aber das Kratzen in der Nähe ist eine sehr wirksame Methode, um Stress zu reduzieren. Das Bedürfnis zu Kratzen, und somit auch nach ausreichenden Kratzmöglichkeiten, ist größer, wenn fremde Katzen im Haus oder in der Nähe sind, da einerseits mehr fremde Duftstoffe vorhanden sind, aber gleichzeitig auch mehr Spannungsmomente entstehen.

Wenn die Katze in diesem Bereich ihres Reviers ausreichend kratzen und ihren Stress abbauen kann, dann beugen Sie vor, dass Stress und Spannung entstehen und in einem ungewollten Verhalten münden, wie etwa mit Urin zu markieren (ein deutliches Stresssignal).

Das Provozieren eines Kratzverhaltens ist daher ein wichtiger Bestandteil eines Therapieplans gegen diese Form des Markierens, da das Kratzen ebenfalls Stress abbaut und der Katze Gelegenheit gibt, Pheromone abzusetzen und sich in ihrer Umgebung zurechtzufinden.

In der Praxis merke ich, dass Katzen lieber an waagerechten Oberflächen kratzen, wenn sie Stress verringern wollen. Es ist wissenschaftlich untersucht worden, dass Katzen am liebsten auf einer gewellten Oberfläche kratzen in der Form einer abgeflachten halben Acht. Es gibt inzwischen verschiedene Marken, die Kratzmöbel mit gewellten Formen anbieten, die für die Katze gerade breit genug sind, um darauf zu kratzen, sodass Sie ein derartiges Möbelstück einfach in einen Durchgang stellen können.

	Kerngebiet	Lebensraum	Jagdgebiet
Nagelpflege	•		
Rücken strecken (nach dem Schlafen)	•		
Nagelspuren hinterlassen (visuelle Markierung)		•	•
Pheromone absetzen		•	•
Stress abbauen	• (bei Gefahr)	•	•
Aufmerksamkeit auf sich ziehen	•	•	

„Katzen denken
buchstäblich:
‚Wenn ich dich
nicht sehen kann,
siehst du mich
auch nicht'.

Also lautet die
goldene Regel:
Wenn Sie Ihrer
Katze nicht in die
Augen sehen können,
tun Sie so als
sei sie nicht da.

Dies wirkt
Wunder bei
Ihrer Katze."

Aneeleen Bru

VERSTECKE

Von oben betrachtet

Es ist allgemein bekannt, dass Katzen Baumkletterer sind. Sie sitzen gern in der Höhe, um alles im Blick zu behalten. Sie sehen die Welt in 3D. Alles, was in der Höhe liegt, ist für sie ein „Extra-plätzchen" im Haus – Orte, die sie als Kerngebiet oder Lebens-raum nutzen können.

Sie möchten instinktiv nicht nur Ausschau halten, was für sie übrigens lebenswichtig ist, sondern erhöhte Stellen sind auch sehr praktisch, um sich in Sicherheit zu bringen – wenn man ein Raubtier erwartet, aber auch, wenn wirklich eines da ist.

Wenn eine Katze aus größerer Höhe etwas Bedrohliches beob-achtet, dann ist es für sie nicht so belastend, als würde sie der Bedrohung Auge in Auge gegenüberstehen. Eine höhere Stelle, selbst wenn sie nicht genutzt wird, schafft auf jeden Fall Ruhe. Sie weiß: „Falls doch etwas passiert, kann ich da, da oder da nach oben".

Aber wie sieht die Realität aus? Ich war im Laufe der Jahre bei bestimmt Hunderten von Besitzern zu Hause. Entweder steht auf jedem Quadratmeter in der Höhe Kram herum (schauen Sie sich mal im eigenen Haus um ☺), oder die Katzen dürfen nicht hoch (Küchenanrichte, Esstisch, Couchtisch, Sofa und Ähnliches), oder der Zugang zur Höhe ist unvorhersehbar (manchmal steht dort etwas herum, manchmal nicht, manchmal darf die Katze hoch, manchmal nicht).

Katzen haben in unserem Umfeld häufig keinen Zugang zu einer dauerhaft erreichbaren und vertrauenswürdigen Höhenposition, einmal abgesehen von einem Kratzbaum in irgendeiner Ecke.

ÜBUNG – Nehmen Sie einen großen Wäschekorb und räumen Sie ALLE Höhen in Ihrem Wohnzimmer leer (Schränke, Ablageflächen, Regalbretter in Schränken, Anrichten, Couchtische und Ähnliches). Lassen Sie die Flächen sechs Wochen frei und schauen Sie, was die Katzen benutzen möchten. Legen Sie zur Erinnerung Fleece-decken sowie Leckerlis und Spielzeug bereit.

Als Nächstes schaffen Sie zusätzliche Hilfsmittel für die Katze, damit sie einfacher in die Höhe gelangen kann, etwa kleine Stufen und Zwischenebenen in Form von Hockern, aufgestapelten Kisten oder Kratztonnen. Vor allem ältere und ängstliche Katzen werden Ihnen dafür sehr dankbar sein.

Starren und visuelle Barrieren

Starren ist bei Katzen eine Form der Selbstverteidigung, um auf Abstand eine Bedrohung zu vertreiben. Als solitäre Jäger wollen sie nicht verwundet werden. Alles, was auf Abstand ablaufen kann, wird bevorzugt. Zwei Katzen, die sich „anschauen" (anstarren), haben meist Streit miteinander. Und diesen Konflikt bekommt der normale Katzenbesitzer überhaupt nicht mit.

Mit diesem Wissen im Hinterkopf richten wir in unserem Haushalt so viele visuelle Barrieren wie möglich ein, die die Katze nutzen kann, um sich dahinter zu verstecken und bedrohlichen Situationen möglichst aus dem Weg zu gehen. Was ich nicht weiß, macht mich nicht heiß, wie man so schön sagt.

Eine Katze denkt nämlich: „Wenn ich dich nicht sehe, siehst du mich auch nicht." Sie erinnern sich? Auch wenn ihr dickes Hinterteil hinter dem Tischbein noch zu sehen ist, so denkt sie, Sie könnten sie nicht sehen.

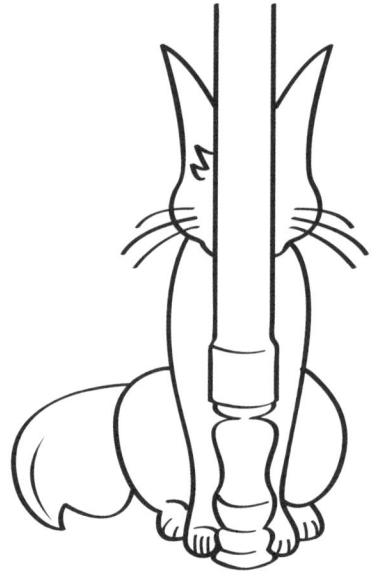

Deshalb nun einige wichtige und praktische Tipps im Hinblick
auf Verstecke!

Sehen Sie Ihrer Katze niemals direkt in die Augen.

Schließen Sie Ihre Augen langsam, um ihr zu sagen, dass alles
in Ordnung ist.

Wenn Sie Ihrer Katze nicht in die Augen sehen können, dann
tun Sie so, als gäbe es sie überhaupt nicht.

Stellen Sie Pappkartons mit mehreren Eingängen an sicheren und
unsicheren Orten auf, damit die Katze sich immer zuerst verstecken
kann, bevor sie andere Techniken anwendet, um Feinde zu verjagen.

Haben Sie bodentiefe Fenster? Dann kleben Sie diese unten mit
wiederabziehbarer, weicher, milchiger, lichtdurchlässiger Folie ab –
egal, in welcher Etage Sie wohnen. Meist reicht schon eine Rollenbreite, dann haben Sie bereits die notwendige Höhe, damit Katzen
nicht durchs Fenster schauen können. Abkleben mag vielleicht nicht
die eleganteste Lösung sein, aber die beste und billigste. Ihre Katze
wird Ihnen ewig dankbar sei.

Auch wenn Sie selten eine Katze draußen im Garten sehen, so wissen diese Katzen meist sehr genau, wann Sie zu Hause oder unten im Haus sind, und sie warten geduldig, bis Sie weg sind, um dann vorbeizulaufen. Es reicht nicht, die Gardinen zuzuziehen, denn das ist unvorhersehbar.

ÜBUNG – Nehmen Sie drei Pappkartons von etwa 30 x 40 cm und schneiden Sie an drei Seiten ein Loch hinein, durch das die Katze hindurchpasst. Katzen mögen am liebsten „Mäuselöcher", die am Boden beginnen und eine halbrunde Form haben. Stellen Sie die Kartons an drei wichtigen Durchgängen oder freien Stellen im Haus auf und testen Sie drei Wochen lang, ob sie benutzt werden.

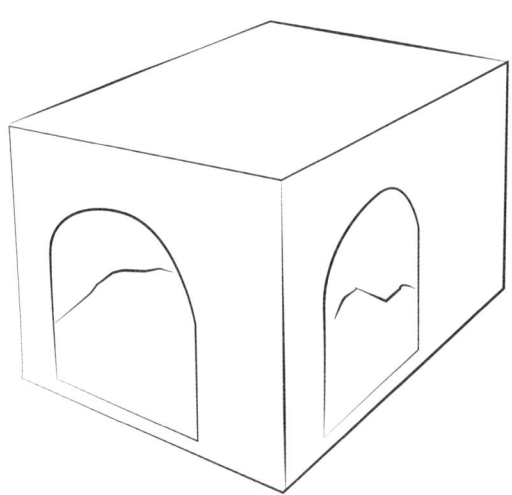

Wie sieht es mit den Schlafplätzen aus?

Wenn Katzenbesitzer mich fragen, was der beste Schlafplatz sei, dann rate ich Ihnen, genau auf die Katze zu achten. Katzen wählen immer ihre eigenen Schlafplätze und berücksichtigen dabei Sicherheit, Verfügbarkeit und Aussehen ihres aktuellen Reviers.

TIPP – Wenn Sie ein Körbchen kaufen, dann achten Sie darauf, dass es mehrere Eingänge hat, damit die Katze immer das Gefühl hat, dass sie durch verschiedene Fluchtwege entwischen und gleichzeitig mehrere Richtungen im Auge behalten kann.

Beobachten Sie, wo Ihre Katze gern schläft, und legen Sie dort eine Fleecedecke hin. Nicht direkt für Ihre Katze, denn sie kann auch ohne Decke schlafen, sondern vor allem als Erinnerung für Sie, damit Sie nichts anderes dort ablegen. So bleibt der Lieblingsschlafplatz Ihrer Katze immer zugänglich und vorhersehbar. Wenn Sie dann noch die Stellen, die sie selbst wählt, respektieren und sie in Ruhe schlafen und ruhen lassen, dann ist das das Beste, das Sie tun können.

TIPP – Katzen schlafen am liebsten an geraden, waagerechten oder auch hängenden (leicht gebogenen) Stellen. Viele Katzenkörbe sind eigentlich Hundekörbe mit Rand und einem runden Kissen in der Mitte. Die Körbe „hängen" also nicht, ganz im Gegenteil. Katzen mögen so eine runde Liegefläche meistens überhaupt nicht.

Sich schlafend stellen

„Falsche Schläfer" erleben wir manchmal in größeren Gruppen (in Tierheimen, bei Züchtern, in Katzenpensionen), in denen es Katzen schwerfällt, mit Spannungen und dem Mangel an Ressourcen umzugehen.

Die einzige Art, darauf zu reagieren, ist so zu tun, als würden sie schlafen. Dieses „falsche Schlafen" ist ihr letztes Entspannungsmittel.

Wenn man das nicht weiß, dann sieht es so aus, als würden Katzen viel schlafen, aber sie fallen nicht häufig in einen REM-Schlaf.

Und das ist gerade die Tiefschlafphase, die man zum Träumen braucht (auch wenn das bei Katzen noch nicht nachgewiesen wurde). Hier kann der Körper alles, was er im Wachzustand erlebt hat, verarbeiten.

Wenn Katzen also vorgeblich schlafen, aber in Wirklichkeit weniger schlafen, dann ist das für ihr psychisches und physisches Wohlbefinden fatal.

TIPP – Sie können testen, ob Ihre Katze schläft, indem Sie einfach mit den Fingern schnipsen und beobachten, ob ihre Augen darauf reagieren. Erkennen Sie eine Reaktion der Ohren? Dann wissen Sie, dass die Katze nicht fest schläft. Wenn sich eine Katze in der REM-Phase befindet, dann zeigt sie Anzeichen eines Kurzschlafs, „so, als würde sie im Traum hinter einem Hund herrennen".

GUT ZU WISSEN – Sie erkennen an der Haltung der Katze, ob sie zu schlafen vorgibt oder nicht tief schläft. Sie sitzt, den Schwanz um ihren Körper gelegt, in der Hocke, schließt ihre Augen, ihre Ohren stehen häufig gedreht und sie hat die Schnurrhaare gegen ihre Wangen gedrückt.

Eine Katze, die tief schläft, wird auf der Seite oder auf dem Rücken liegen, die Ohren entspannt nach vorn gerichtet, wobei sie manch- mal leicht zuckt, was zeigt, dass sie sich im REM-Schlaf befindet.

Stören Sie diese Katzen nicht. Das wäre für sie extrem beunruhi- gend. Wenn Tiere schlafen, sind sie immer sehr verwundbar.

Bereicherungen

für

Katzen

„Der Jagdtrieb Ihrer Katze ist nicht proportional zu ihrem Hunger. Katzen müssen jagen. Wenn Sie diesen Instinkt nicht stimulieren, werden sie andere Wege finden."

Anneleen Bru

JAGD-
VERHALTEN

Katzen sind von Natur aus solitäre Jäger. Das bedeutet, dass sie allein dafür verantwortlich sind, an ihr Fressen zu kommen.

Die solitäre Jagd führte zu gut entwickelten Supereigenschaften, wie etwa einem außergewöhnlich guten Gehör, einem phänomenalen Geruchssinn, scharfen und schnellen Krallen und einem Körper, der es der Katze ermöglicht, alle wichtigen Informationen aus der Umgebung aufzunehmen.

Der Jagdinstinkt der Katze steht nicht im Verhältnis zu ihrem Hungergefühl. Das Bedürfnis zu jagen ist ungebrochen, egal, ob sie nun Hunger verspürt oder nicht. Es besteht zwar ein Zusammenhang zwischen Hungergefühl und Jagdverhalten, wobei die Katze mehr jagt, als sie Hunger hat, und auch mehr Beute erlegen wird. Doch das Bedürfnis zu jagen, der Jagdinstinkt, besteht auch dann, wenn sie nicht hungrig ist.

Katzen sind opportunistische Jäger. Sie werden also jagen, wann immer sich ihnen die Möglichkeit bietet. Der Instinkt ist hier stärker.

Studien haben gezeigt, dass Katzen eine gerade gefangene Beute liegen lassen, wenn sie eine neue entdecken und dieser folgen! Der Vorteil einer zweiten Beute ist größer als das Risiko, dass die erste Beute gestohlen wird. So steigt die Wahrscheinlichkeit, ausreichend Beute, und sogar zwei Beuten, zu haben.

TIPP – Aufgrund ihres stark ausgeprägten Jagdinstinkts müssen wir bei Katzen etwa beim Spielen aufpassen, dass wir sie nicht zu stark erschöpfen. Sie können nicht einfach aufhören und weggehen. Das wäre völlig gegen ihren Instinkt. Solange sich die Beute bewegt, müssen sie ihr hinterherlaufen. Wenn eine Katze keucht, dann sind Sie deutlich zu weit gegangen. Das sollten Sie unter allen Umständen vermeiden!

Geschenke?

Katzen jagen innerhalb ihres Territoriums in ihrem Jagd- und Lebensraum, doch die Beute möchten sie am liebsten in der sicheren Umgebung ihres Kerngebietes fressen. Daher erleben Sie manchmal, dass Ihre Katze mit einem Spielzeug, einem Leckerli oder einer Beute zu einer anderen Stelle im Zimmer geht oder manchmal sogar die Beute von draußen mit ins Haus bringt. Sie frisst die Beute nicht auf, da sie keinen Hunger hat. Als gute Besitzer geben wir ihr doch immer ausreichend und auch einige Extrahappen, oder nicht?

GUT ZU WISSEN – Eine Katze, die eine Maus am oder im Haus liegen lässt, bringt Ihnen kein Geschenk. Sie lässt die Beute in ihrer sicheren Umgebung liegen, da dies der Ort ist, an dem sie normalerweise in aller Ruhe fressen kann. Forschungen haben gezeigt, dass das Zurücklassen einer Beute an das Mutterverhalten erinnert, bei dem die Katze tote oder halb tote Beute in ihr Kerngebiet bringt, so wie eine Mutter es macht, wenn sie ihren Jungen das Jagen beibringen will. Es gibt also mehrere Meinungen zu diesem Phänomen.

Eine gut genährte Hauskatze jagt laut Forschung im Schnitt fünf Stunden pro Tag. Eine ziemlich lange Zeit, in der Katzen suchen, starren, spähen, der Beute folgen, springen, beißen, treten und schließlich fressen.

TIPP – Sie sollten Ihre Katze täglich zum Jagen stimulieren, indem Sie ihr etwas anbieten, das sich ohne ihr Zutun „von selbst" bewegt (das sie ausspähen, ihm hinterherlaufen, fangen, lecken, beißen und darauf herumtrampeln kann). Das ist der erste Schritt in die richtige Richtung, um der Katze eine Bereicherung zu bieten, damit sie glücklich wird/bleibt/ist.

Katzen haben einen flexiblen Zeitplan, je nach Verfügbarkeit von Beute in ihrem Revier. So sind sie meist in der Morgen- und Abenddämmerung aktiv und werden im Sommer mehr nachts und im Winter mehr tagsüber jagen.

Wie bereits in den ersten Kapiteln ausführlich angesprochen, ist für Katzen die Farbe ihrer Beute oder ihres Spielzeugs nicht wichtig (obwohl der Kontrast mit dem Untergrund schon eine Rolle spielen kann).

Tierhandlungen bieten buntes Spielzeug in allen Größen an, weil es vor allem den Menschen gefällt! Für die Katze geht es um Gerüche, Bewegung und Geräusche einer möglichen Beute.

„Ihre Katze ist nicht
faul, Sie haben nur noch
nichts gefunden, mit dem
sie gern spielen würde.
Ihre Hausaufgaben:
Finden Sie es heraus!"

Anneleen Bru

SPIELEN

Es gibt für Ihre Katze drei verschiedene Spiele. Diese müssen wir kennen und berücksichtigen. Katzen sind nun einmal hervorragend angepasste Jäger, die herausgefordert werden müssen.

Soziales Spiel

Katzen, die miteinander herumtollen und ihre Instinkte wie Kämpfen oder Jagen ausprobieren, üben auf spielerische Weise für die spätere „echte" Arbeit. Das Spielen wird als eine Form eines kooperierenden Verhaltens gesehen, das während des gesamten Katzenlebens zu beobachten ist. Sogar in abweichenden Situationen, etwa zwischen nicht kastrierten Katern bei Futtermangel. In solchen Situationen ist das Spiel biologisch eigentlich nicht interessant, aber Forscher gehen davon aus, dass es für das Spiel tieferliegende Gründe gibt.

Spielen ist gut für das Wohlbefinden der Katze, da sie dadurch Energie abbauen und soziale Beziehungen mit anderen Katzen stärken kann.

Lokomotorisches Spiel

Lokomotorisches Spiel bedeutet: Mit der Umgebung spielen. Springen, Klettern, Kratzen und Laufen sind beispielsweise Formen, die mit der Umgebung spielen und gut für die Gesundheit der Katze sind. Besitzer erzählen regelmäßig, dass ihre Katze ihre „fünf Minuten" bekomme, völlig durchdrehe und wie eine Verrückte durchs Haus renne. Das sind schöne Beispiele für lokomotorisches Spiel. Geben Sie Ihrer Katze ausreichend Platz und Möglichkeiten für diese Art von Spiel. Es ist wichtig für sie und ihr Wohlbefinden.

TIPP – Sie können das lokomotorische Spiel fördern, wenn Sie es mit dem Beutespiel kombinieren. Locken und animieren Sie die Katze mit einer Angel zu springen und in verschiedene Höhen, z. B. auf Regale etc., um so zusätzlich Energie bei ihr freizusetzen.

Beutespiel

Dieses Spiel ist wohl das bekannteste, wird allerdings noch häufig unterschätzt und von Besitzern nicht ausreichend ausprobiert. Die Dinge, die Sie im Handel finden, entsprechen meist nicht dem, was Katzen mögen und brauchen, um ihre Jagdenergie abzubauen. So ist es einer Katze egal, welche Farbe oder Form ein Spielzeug hat, deshalb orientieren sich die Hersteller von Spielzeug vor allem nach dem, was uns gefällt. Wie bereits erklärt, ist für das Tier nur interessant, welchen Geruch ein Spielzeug hat (Kunststoff, natürliches oder tierisches Material), welches Geräusch es macht (flatternd) oder ob es sich von der Katze wegbewegt (wie eine Beute, die zu fliehen versucht).

Eine rote Maus aus Kunststoff, die still auf dem Boden liegt, ist für die meisten Katzen völlig uninteressant und möglicherweise sogar ein totaler Reinfall. Eine still liegende Beute widerspricht allem, was Katzen zum Jagen brauchen. Es gibt Katzen, die das „tote" Spielzeug selbst bewegen, doch aus der Verhaltensperspektive ist das, gleichwohl bewundernswert von den Tieren, wirklich traurig.

Wir schauen doch auch nicht gern auf einen Fernseher, der nicht läuft?

Folglich gibt es viele Katzenbesitzer, die überzeugt sind, dass ihre Katze nicht gern spielt, verwöhnt ist, schwierig ist oder einfach faul. Und trotzdem steckt in jeder Katze ein Jäger! Doch Sie müssen wissen, wie Sie diese Eigenschaft aus ihr herauskitzeln. Und dazu müssen Sie experimentieren, experimentieren, experimentieren!

Das Beutespiel teilen wir in 3 Schritte oder Phasen:

1)   Nachjagen der Beute (Bewegung)
2)   Schwächen und Tottrampeln der Beute (Duftstoffe)
3)   Fressen der Beute (Nahrung)

Um zu ermitteln, welche Phase Ihrer Katze am besten gefällt, ist es wichtig, dafür zu sorgen, dass sie alle Phasen des Beutespiels entdecken kann.

Es gibt Katzen, die Bewegung bevorzugen, während andere Katzen eher das Trampeln wählen. Andere Katzen entscheiden sich bei ihrer bevorzugten bewegten Beute für Vögel (Federn, flatternd, in der Luft) und gegen Mäuse (Kaninchenfell, kriechend, auf dem Boden). Und dann gibt es daneben noch Katzen, die kleine Insekten wählen, die auf Augenhöhe davonfliegen.

Bei der ersten „bewegten" Phase gibt es durchaus Variationen, die Sie ausprobieren können, je nach Alter Ihrer Katze, um zu sehen, was sie reizt.

Die meisten Katzen bekommen leider nie die Möglichkeit, zu zeigen, was sie gern jagen würden, da die Besitzer nicht experimentieren oder nicht wissen, was hinter dem Jagdinstinkt steckt. Hoffentlich haben wir in diesem Kapitel etwas Licht ins Dunkel gebracht. Und verstehen Sie jetzt auch, warum einige Katzen „faul" sind oder zumindest so erscheinen?

HAUSAUFGABEN – Suchen Sie verschiedene tierische Materialien, wie Büffelleder, Schaf-, Hasen-, Kaninchen- oder Hirschfell, Federn, etc., die Sie auf verantwortungsvolle Weise beschaffen können, und testen Sie sie in verschiedenen Größen und Gerüchen. Was favorisiert Ihre Katze?

....

....

....

....

....

....

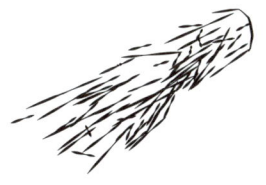  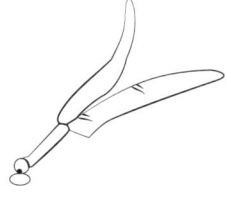

„Das reizspezifische Beuteverhalten Ihrer Katze kann ermüden, etwa durch Gewöhnung. Sie spielt nicht mehr mit etwas, das sie bereits ‚getötet' hat. Räumen Sie also Ihr Wohnzimmer auf."

Anneleen Bru

BEREICHERUNG FÜR IHRE KATZE

Bereicherung für Katzen

Mit einer Bereicherung möchten Sie bei einer Katze ihr natürliches Verhalten herauslocken. Zuallererst geht es dabei um ALLE
Verhaltensweisen, also auch um Fressen, Trinken, Katzentoilette, Verstecke und Ähnliches. Sie können alle Verhaltenswiesen
herauslocken. In diesem Kapitel sprechen wir darüber, wie und
warum wir das tun, und betrachten besonders das Animieren
eines natürlichen Jagdverhaltens bei unseren Katzen.

Wird der Jagdinstinkt bei Katzen nicht stimuliert, kann das durchaus zu Problemen führen, wie etwa Lustlosigkeit, soziale Spannung, Übergewicht, abnormale Frustrationsgefühle, jede Menge
ungewünschtes Verhalten wie Vandalismus (in den Gardinen
hängen, kratzen, klettern), Aggressivität gegenüber dem Besitzer,
Nachstellen nach anderen Katzen, übermäßiges Kratzen, Markieren, ängstliches Verhalten und sogar Stubenunreinheiten.

Es ist also im Rahmen einer Verhaltenstherapie nicht nur wichtig,
eine Jagdbereicherung zu schaffen, sondern absolut notwendig,
um bereits im Voraus einem ungewünschten Verhalten vor-
zubeugen.

Praktische Seiten des Jagens

Während des Jagens mögen es Katzen, sich zu verstecken und
zu kratzen. Es ist für sie ein unmittelbarer Stressabbau, denn eine
Jagd verlangt dem Katzenkörper einiges ab. Die Aufmerksamkeit,
die beim Jagen vonnöten ist, lässt das sensorische System der
Katze zudem explodieren. Sie hockt dann gern in einer Box
oder unter einem Stuhl und hat gern eine Pappe zum Kratzen
in der Nähe.

Katzen lernen zudem die „sensorische" Gewöhnung an die Beute. Das bedeutet, dass sie bei einer leblosen Beute auf dem Boden erkennen, dass „ich diese schon getötet habe". Wenn sich die Beute/das Spielzeug nicht bewegt, werden sie also instinktiv glauben, dass etwas nicht stimmt („War mein Angriff nicht erfolgreich?") und die Beute links liegen lassen.

Da wir dies nun wissen, ist es schon amüsant zu sehen, wie viel Spielzeug Menschen ständig in ihrem Wohnzimmer herumliegen haben. Für uns Menschen ist es irgendein Kram – und die Katzen spielen wegen der Gewöhnung an die Beute nicht (oder so gut wie nie) damit. Häufig gibt es noch eine Kiste, „damit die Katze sich selbst ihr Spielzeug aussuchen kann".

Das funktioniert vielleicht bei einem Kind, eventuell auch bei einem Hund, aber ganz sicher nicht bei einer Katze. Katzen wollen nämlich durch etwas Neues (eine kleine Veränderung reicht schon) getriggert werden, und zwar von etwas, das sich „von selbst" bewegt, ohne dass sie es in Bewegung setzen müssen.

TIPP – Arbeiten Sie mit einem Spielzeugkoffer, aus dem Sie Spielzeug nehmen, das Sie der Katze anbieten, um so etwas Abwechslung zu schaffen. Die Katze wird das Spielzeug dann als neue Beute betrachten. Und wenn sie damit fertig ist? Dann nehmen Sie es ihr wieder weg, packen es zurück in den Spielzeugkoffer und verteilen an anderen Stellen im Haus anderes Spielzeug. Vor allem, wenn Sie nicht zu Hause sind oder schlafen, ist dies für die Katze eine schöne Art, um jagen zu können. Wenn Sie Abwechslung schaffen, können Sie mit demselben Spielzeug der Katze das Gefühl geben, dass sie eine neue Beute entdeckt.

Solitäre Jäger!

Wir können nicht genug betonen, dass Katzen solitäre Jäger sind. Sie sollten deshalb auch solitär spielen können, also ganz allein. Katzen brauchen einander nicht, um eine Beute zu fangen. So einfach ist das.

Besitzer spielen häufig mit einer Gruppe von Katzen, wobei hier meist die selbstsicherste Katze (also nicht die „dominante", denn das gibt es nicht bei Katzen, Sie erinnern sich …) hinter der Beute herläuft, während die anderen wie Mauerblümchen Abstand halten, um nicht miteinander in Konflikt zu kommen.

Eigentlich möchten alle Katzen hinter der Beute herlaufen, aber sie bekommen keine Chance dazu. Die Besitzer denken dann häufig, dass sie ausreichend spielen und die Katze einfach keine Lust zum Spielen hat. Stattdessen spielen die Katzen zu wenig und leiden unter diesem Mangel.

Die 3 Jagdphasen

In meiner Praxis nutze ich eine einfache Darstellung der Jagdphasen der Katze, um zu demonstrieren, wie wir sie jeweils
stimulieren, damit die Katze ihrem Instinkt folgen kann.

FANGEN
- Sitzen & Warten
- Entdecken
- Umgebung erkunden
- Schauen/Starren
- Aufspüren der Beute
- Beute jagen

TÖTEN
- Mit den Hinterpfoten trampeln
- In die Beute beißen
- Beute ablecken
- Beute loslassen und nochmals fangen
- In die Luft werfen

VERZEHREN
- Fressen
- Eingraben

Diese drei Phasen können wir in drei Arten von Bereicherungen
unterteilen:

1. JAGDBEREICHERUNG **2. GERUCHSBEREICHERUNG** **3. NAHRUNGSBEREICHERUNG**

Jagdbereicherung

Die erste Phase stimulieren wir, indem wir der Katze Bewegung
anbieten, wobei es vor allem darum geht, der Beute nachzujagen
und NICHT darum, diese zu fangen.

Hier eignet sich als Spielzeug eine lange Angel (ca. 1 m), damit
die Katze nicht merkt, dass Sie beteiligt sind. Die Katze muss
zum Jagen hinter etwas herlaufen können. Sie müssen einfach
ein wenig experimentieren, denn jede Katze hat ihre eigenen Vorlieben, die sich im Laufe ihres Lebens auch ändern können.
Einige Katzen wählen eine sich bewegende Beute am Boden,
andere eine Beute in der Luft. Die eine Katze entscheidet sich

für einen Vogel, eine andere bevorzugt ein kleines Insekt oder eine Beute in Mausform. Bestimmte Katzen suchen sich winzige Objekte, wie Haargummis oder kleine Gummispinnen, während andere es eher auf eine große Beute abgesehen haben. Versuchen Sie herauszufinden, was Ihre Katze am liebsten hat, und experimentieren Sie immer mal wieder.

Die Struktur der Beute ist ebenfalls von Bedeutung. Katzen bevorzugen eine lebende Beute, deshalb sollten Sie auf Strukturen zurückgreifen, die möglichst naturgetreu sind: Weichspielzeug, Kunstpelz oder Echtpelz.

Achten Sie darauf, Pelzspielzeug zu verwenden, das auf nachhaltige und verantwortungsvolle Art hergestellt wurde und möglichst aus dem Westen kommt. So haben Sie die größtmögliche Garantie, dass die Tiere, von denen das Fell stammt, frei in der Natur lebten. Dieses Fell ist nur durch Jagd, Straßenunfälle oder als Rest- bzw. Abfallprodukt der Fleischindustrie zu bekommen. Das heißt, dass Tiere nicht speziell gezüchtet, gehalten und getötet werden, um das Fell als Katzenspielzeug zu nutzen.

TIPP – Das Spielzeug von Purrs Cat Toys beispielsweise ist handgemacht und bietet eine breite Palette an verschiedenen Tierfellen zum Experimentieren, wie etwa Fell oder Haut von Schaf, Büffel, Hase – und Federn. Zusätzlich kann mit Baldrian kombiniert wird – Katzen lieben das. Die Angel imitiert einen flatternden Vogel, sogar mit Lauten. Und auch die Katzenangeln von Da Bird sind mit echten Federn ausgerüstet. Nutzen Sie diese Art von Spielzeug für Ihre Katze? Absolut top, echt Wahnsinn!

Geruchsbereicherung

In der zweiten Jagdphase wird die Katze anfangen zu „trippeln",
sie wirft sich auf die Seite, greift die Beute fest mit den Vorderpfoten und strampelt mit den Hinterpfoten, während sie die Beute
ableckt und anbeißt.

Das ist neben dem instinktiven Jagdverhalten eine wichtige Form
von Stressabbau für die Katze, und wir können das provozieren,
indem wir mit Düften arbeiten.

Katzenminze (Nepeta) ist die wohl allgemein bekannteste Duftbe-
reicherung. Sie wirkt belebend, wird aber auch ein wenig über-
schätzt. Es ist nämlich genetisch bedingt, ob eine Katze darauf
reagiert oder nicht. Etwa 50 bis 70 Prozent der Katzen reagieren
darauf, der Rest nicht. Leider werden fast alle Spielzeuge in der
Tierhandlung in Katzenminze getränkt, um sie so „interessanter"
zu machen. Aber das funktioniert eben auch nur bei etwa der
Hälfte der Katzen.

TIPP – Wenn Sie Katzenminze verwenden, achten Sie bitte
darauf, dass sie aus den USA oder Kanada kommt. Sie hat
die beste Qualität.

Baldrian ist bei Katzen ebenfalls ein großartiges Mittel. Vor allem
für Katzen, die eine schwierige Zeit haben, ist es empfehlenswert. Es ist der Stresspegel einer Katze, der bestimmt, wie stark
sie darauf reagiert. Getrocknete Baldrianwurzel wirkt belebend,
wenn sie damit spielt. Doch in den folgenden Stunden wird die
Katze dann ruhiger und widerstandsfähiger.

TIPP – Verwenden Sie Baldrian täglich in verschiedenen Spielen, vor allem bei Katzen, die zusätzlich etwas Stimulation benötigen, wie etwa Wohnungskatzen, die ängstlich sind und markieren. Baldrianspielzeug können Sie übrigens ganz einfach selbst herstellen, indem Sie 10 g Baldrian (Apotheke, Bioladen oder online) und Toilettenpapier oder Watte als Füllmaterial in eine kleine Socke geben und die Socke dann fest verknoten.

Nehmen Sie das Trampelkissen mit Baldrian weg, wenn die Katze es nicht mehr nutzt. Wechseln Sie und legen Sie neues Spielzeug an anderen Stellen im Haus aus, damit die Katze es zufällig entdeckt. „Oh, da, eine Beute!" Bieten Sie Spiele vor allem dann an, wenn Sie nicht zu Hause sind oder schlafen.

TIPP – Packen Sie alle Mäuse und Glöckchen, die Sie zu Hause haben, in eine fest verschließbare Kiste, legen Sie noch rund 100 g getrocknete Baldrianwurzel und/oder Katzenminze hinzu. Das intensiviert den Geruch der Spiele.

Nahrungsbereicherung

Wie bereits angesprochen ist es wirklich ein Muss, dass Ihre Katze für ihr Fressen auch arbeitet. Es gibt verschiedene Möglichkeiten und Abstufungen für eine Nahrungsbereicherung, die Sie langsam aufbauen und mit der Sie experimentieren können. Die Nahrungsbereicherung verteilen wir auf statische und mobile Stationen. Statische Fressplätze fallen bei uns unter die n+1-Regel und bleiben – mit Leckerlis gefüllt – an der Stelle stehen.

Diese Fressquellen müssen für die Katze vorhersehbar bleiben!

Beispiele dafür, die Katze für ihr Fressen arbeiten zu lassen, sind Anti-Schling-Näpfe oder auch „slow down bowls" und Denkspielzeug, bei dem die Katze mit Pfote und Verstand versucht, an die Leckerlis zu kommen. Sie können auch Spielzeug verwenden, das eigentlich nicht als Futterversteck gedacht ist, aber dennoch perfekt geeignet ist.

 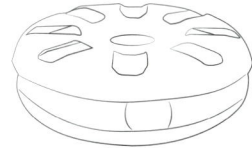 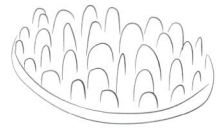

Mobile Stationen sind Fressmöglichkeiten, die Sie zusätzlich anbieten, um die Katze zu stimulieren, wenn Sie beispielsweise einen Tag außer Haus sind. Selbstgemachtes Fressspielzeug wie gefüllte Eierkartons und Toilettenrollen sind günstig und lustig!

Außerdem sind wir Fans vom Experimentieren mit Fressbällchen. Aber nicht alle am Markt angebotenen Exemplare sind gleichermaßen gut geeignet. Viele Bälle sind zu schwer, da es sich eigentlich um Hundebälle handelt. Sie haben nur eine Öffnung, was Katzen schnell frustriert, und sie haben kleine Reliefs oder Noppen, die viel Lärm machen, wenn der Ball über den Boden rollt.

TIPP – Der PetSafe Slimcat ist schon seit Jahren unser liebster Futterball!

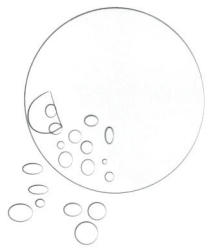

„Ihre Katze ist nicht faul. Sie spielen einfach falsch mit ihr."

Anneleen Bru

DOS AND DON'TS BEIM SPIELEN

Don'ts beim Spielen

- Vernachlässigung des täglichen Spielens.
- Zu lange spielen, bis die Katze keucht.
- Nur einmal etwas probieren und dann zu früh falsche Schlüsse daraus ziehen.
- Spielen mit der Hand, den Fingern, den Zehen und/oder den Füßen.
- Die Katze antreiben, etwas zu tun.
- Spielzeug liegen lassen.
- Folgern, dass Ihre Katze nicht gern spielt.
- Zu wenig Abwechslung/Neuheiten anbieten.
- Frust schaffendes Spielzeug nutzen, das die Katze nicht fangen kann (Laserlicht, Spiele auf dem iPad).
- Nur Phase 1 der Jagd stimulieren.
- Nur eine Art von Spiel stimulieren.
- Mehrere Katzen miteinander spielen lassen.

 Dos beim Spielen

- 3- bis 5-mal am Tag durch ein Spiel den Jagdinstinkt stimulieren, einige Minuten reichen schon!

- Die drei unterschiedlichen Jagdphasen (Spiel, Geruch, Nahrung) stimulieren und beobachten, welche Phase(n) Ihrer Katze am meisten Spaß machen. (Aufgepasst! Die Vorlieben können sich ändern.)

- Allein mit Ihrer Katze spielen, individuelles Spiel ohne andere Katzen (solitäre Jäger).

- Die Katze nicht erschöpfen. Der Jagdtrieb ist stärker als sie.

- Häufigkeit, Neuheiten, Ort und Intensivität wechseln.

- Bewegung und Düfte (Kräuter, tierische Materialien, Sachen aus der Natur) sind wichtig.

- Beute nicht liegen lassen.

- Abstand zwischen Ihnen und der Katze schaffen, damit Sie ihr nicht in den Weg kommen, Sie Verwundungen vorbeugen und die Katze einfach ihr Ding machen kann.

- Nicht zu irgendetwas ermutigen. Das Jagdspiel muss sie (als solitärer Jäger) ganz allein machen und es ist keine Quality Time von Mensch und Tier).

- Einigen Katzen fällt es schwer, den ganzen Jagdprozess zu „vollenden" und die drei Phasen zu durchlaufen: Geben Sie Ihrer Katze in dem Fall eine Beute mit Tiergeruch, auf der sie herumtrampeln kann, und/oder ein Leckerli am Ende Spiels.

- Achten Sie auf „faule" Katzen! Alle Katzen müssen jagen können, da sie alle den gleichen Jagdinstinkt besitzen. Eine Katze ist begeisterter bei der Sache als eine andere und braucht entsprechend mehr oder weniger Gelegenheiten zum Jagen.

Die Beziehung zu Ihrer Katze verbessern

„Unsere Art, Liebe zu zeigen, wirkt
auf die Katze sehr bedrohlich.
Wenn in der Natur ein größeres
Lebewesen mit starrem Blick auf dich
zuläuft, dann verschwinde lieber".

Anneleen Bru

ZUNEIGUNG
ZEIGEN

Unterschiede zwischen Katze und Mensch

Katzen und Menschen zeigen ihre Liebe zueinander auf ganz unterschiedliche Weise. Wenn wir die Unterschiede erst einmal kennen, dann können wir uns daran orientieren und so die Beziehung zu unserer Katze verbessern. Die Katze wird sich wohlfühlen und verstärkt Kontakt suchen. Das ist für beide Seiten schön, oder?

So zeigen Menschen ihre Zuneigung – was Katzen aber (meist) nicht so sehr mögen

- Kuscheln
- Hochheben
- Wie ein Baby festhalten
- Streicheln
- Küsschen geben
- Mit der Katze sprechen
- Die Katze suchen und ihr nahekommen
- Die Katze trösten
- Die Katze auf den Schoss nehmen

So zeigen Katzen ihre Zuneigung – was die Besitzer aber (meist) nicht verstehen

- Trockenspritzen (mit dem Schwanz zucken, ohne zu urinieren)
- Hinterteil, Seite zur Begrüßung zeigen
- Sich in die Nähe des Besitzers legen
- Sich an den Besitzer legen
- Langsam mit beiden Augen zwinkern
- Gähnen (nicht nach dem Aufwachen …)
- Langsam mit der Schwanzspitze wedeln
- Den Bauch zeigen
- Sanft beißen, kleine Bisse versetzen (Achtung, das kann auch Gereiztheit signalisieren)

Wenn wir die verschiedenen Perspektiven betrachten, entdecken wir in der Praxis jede Menge Missverständnisse, die mit etwas Einsicht einfach und schnell aufgeklärt werden können. Besitzer, die ihre Katze gern sehen, fragen häufig, was sie tun können, damit auch ihre Katze sie mit mehr Begeisterung sieht als bisher.

Hinzu kommt, dass Katzen, die gern bei ihren Besitzern sind, manchmal doch etwas angespannt oder sogar aggressiv sind – etwa, wenn sie beim Streicheln ausholen, obwohl sie das doch selbst wollten!

Wir schauen uns einige Beispiele an, die viele Besitzer kennen werden:

○ Katzen zeigen ihre Zuneigung, indem sie ihr Hinterteil zeigen. Das ist in ihrer Welt ein Zeichen für ein nicht bedrohliches Verhalten, mit dem sie ihr Vertrauen zeigen und um Zuneigung bitten. Deshalb haben wir manchmal genauso viel Erfolg bei unseren Katzen, wenn wir eigentlich keine Zeit für Aufmerksamkeit haben und auch nicht darum bitten, und beispielsweise noch eine Arbeit abschließen müssen oder gerade die Zeitung lesen. Indem wir die Katze ignorieren, sagen wir in diesem Moment in ihrer Sprache, dass wir sie gern sehen und mit ihnen schmusen wollen. Aus demselben Grund beklagen Menschen, die nichts mit Katzen am Hut haben, dass Katzen sie mögen. Sie ignorieren die Tiere meist absichtlich, um sie sich vom Hals zu halten, doch gerade zu ihnen setzen sich die Katzen gern und beschnuppern sie. Sie zeigen genau das Verhalten (ignorieren, keine Aufmerksamkeit schenken, nicht anlocken), das Katzen als freundlich, einladend und sicher begreifen.

○ Katzen haben einen tiefen inneren Instinkt, der ihnen sagt, so schnell und so weit wie möglich zu fliehen, wenn in der Wildnis ein großes Tier mit aufgerissenen Augen auf sie zukommt (was Menschen automatisch tun, wenn sie etwas Süßes wie ein Haustier oder Baby sehen). Große Tiere mit aufgerissenen Augen – oder ein begeisterter Besitzer – sind für sie eine große Bedrohung. Das müssen wir uns zunächst einmal bewusst machen und zukünftig daran denken.

○ Katzen denken, so wie alle anderen Tierarten und kleine Kinder auch: „Wenn ich dich nicht sehe, siehst du mich auch nicht." Meist können wir Katzen nicht direkt in die Augen schauen, wenn sie sich nicht hundertprozentig wohlfühlen. Wenn wir unsere Katze also trotzdem aufsuchen, rufen oder anlocken, wenn wir keinen Augenkontakt herstellen können, dann bereiten wir ihr möglicherweise Stress. Das liegt daran, dass unser Verhalten für sie sehr unvorhersehbar und unerwartet ist, da die Katze denkt, dass wir nicht wissen, wo sie ist.

„Egal wie gut die Katze
Sie auch kennt, lassen Sie
sie immer erst an Ihrer
Hand schnuppern, bevor
Sie sie streicheln. Immer!"

Anneleen Bru

KONTAKT
AUFNEHMEN

Zu viel Liebe ist nicht gut für Ihre Katze

Katzen sind freie Tiere, denen es wichtig ist, die Kontrolle über die Situation zu behalten – dasselbe gilt auch für ihren Körper.

In meiner Praxis erleben wir häufig Katzen, die der Schmusemanie der Familienmitglieder unterworfen und in einen Zustand gelernter Hilflosigkeit (learned helplessness) übergegangen sind. Das heißt, dass sie mit der Zeit gelernt haben, dass sie nichts dagegen tun können und die Situation einfach erdulden müssen. Dieses Gefühl der Hilflosigkeit entsteht vor allem bei Katzen, die ständig hochgehoben, wie ein Baby festgehalten und aufgesucht werden, wenn sie eigentlich schlafen oder sich ausruhen wollen. Dass Katzen nicht reagieren, heißt nicht, dass sie das in Ordnung finden, ganz im Gegenteil. Die Katze spürt körperlich noch immer Stress, aber sie hat keine Möglichkeit, sich dem zu widersetzen.

Es ist wichtig, dass Sie sich das als Besitzer bewusst machen. Menschen müssen darauf hingewiesen werden, dass dieses Verhalten für das Wohlbefinden der Katze nicht in Ordnung ist. Wenn Sie Ihre Katze zwingen, wie ein Baby liegen zu bleiben, dann sorgt das bei Ihrer Katze für große Unruhe, auch wenn diese nicht sichtbar ist. Die Unruhe kann sich zu einer allgemeinen Angst und zu einem ungewünschten Verhalten weiterentwickeln.

GUT ZU WISSEN – Wenn Sie Ihre Katze zwingen, wie ein Baby liegen zu bleiben, sorgt das bei Ihrer Katze für große Unruhe.

Wir wollen uns eine allgemeine Technik anschauen, von der ich glaube, dass sie bei jeder Katze, glücklich oder ängstlich, jung oder alt, eine schöne Erfahrung schafft, da die Katze sich für einen sicheren Kontakt mit dem Besitzer entscheiden kann. Damit erleben wir in der Praxis unglaubliche Resultate.

Mit der Katze Kontakt aufnehmen

Wenden Sie diese Technik bei Ihrer eigenen Katze an, aber auch bei fremden Katzen. Auch wenn Sie und Ihre Katze sich gut kennen, verdient sie es dennoch, dass Sie sich ihr auf diese respektvolle Art nähern und sie begrüßen.

TIPP – Wenden Sie diese Technik bei sehr ängstlichen Katzen vier Wochen lang an und Sie werden eine enorme Verbesserung erleben, weil Ihre Katze viel mehr Vorhersehbarkeit erfährt. Auch bei Katzen, die glücklich scheinen oder sind, lohnt es sich, Ihr Verhalten anzupassen und zu sehen, wie sie darauf reagieren. Versuchen Sie es!

---

1. Bücken Sie sich oder gehen Sie in die Hocke und strecken Sie Ihre Hand etwa 20 cm aus. So laden Sie die Katze ein, vorsichtig daran zu schnuppern. Diese Einladung wird von den meisten Katzen als sehr wohltuend erfahren, sodass sie rasch zu Ihnen kommen.

2. Ihre Katze schnuppert an Ihrer Hand und wird drei mögliche Reaktionen zeigen. Das sollten Sie sich auf jeden Fall bewusst machen und entsprechend reagieren!

Szenario A – Die Katze schnuppert an Ihrer Hand und reibt mit der Kinnseite gegen Ihre Hand. Sie dreht sich um 90 Grad und zeigt ihre Seite oder ihr Hinterteil:
Das bedeutet, Sie dürfen mit der Katze Kontakt aufnehmen. Und das gelingt am besten, wenn Sie sie kurz mit Ihren Fingern am Kinn, am Maulwinkel oder hinter den Ohren kraulen. Andere Körperteile berühren Sie nicht, es sei denn, Sie können aus sicherer Erfahrung sagen, dass die Katze das mag, etwa, wenn das Tier sehr gut sozialisiert ist.

Szenario B – Die Katze schnuppert an Ihrer Hand und bleibt einige Zentimeter auf Abstand. Sie verteilt keine Kopfstöße, läuft aber auch nicht weg:
Dies ist das erste Signal, dass die Katze die Situation nicht gut findet. Sie dürfen sie jetzt nicht berühren, können aber Kontakt zu ihr aufnehmen, indem Sie langsam Ihre Augen schließen (mit beiden Augen langsam zwinkern) und leise und ruhig mit ihr sprechen.

Szenario C – Die Katze schnuppert an Ihrer Hand, schaut dann weg und läuft davon: Berühren Sie sie nicht und lassen Sie sie einfach in Ruhe. Sie sollten in dieser Situation möglichst nicht sprechen. Die Katze fühlt sich nicht wohl bei dem, was sie gerochen hat, und das müssen Sie respektieren.

3. Wenn Sie jedes Mal auf diese Weise vorgehen, wenn Sie Kontakt mit Katzen aufnehmen, dann werden Sie sehen, dass die Katze lernt, dass Sie als Besitzer, Besucher oder Pfleger immer vorhersehbar sind und dass sie in der Situation eine Wahlmöglichkeit hat.

Die Katze wird Ihnen dankbar ein und mehr Kontakt suchen (wollen).

„Wie schaffen Sie es, dass
Ihre Katze mehr in Ihrer Nähe sein
möchte? Ignorieren Sie sie. Ja,
ignorieren – wirklich richtig ignorieren."

Anneleen Bru

IGNORIEREN,
IGNORIEREN,
IGNORIEREN!

Warum Ignorieren hilft

Ignorieren bedeutet eigentlich, nichts zu tun, der Katze keine Aufmerksamkeit zu schenken, Oh, so einfach, und doch so schwierig! Warum nur können wir uns nur mit Mühe von diesen flauschigen Tieren fernhalten?

Ignorieren ist das beste Hilfsmittel für eine gute Beziehung zu unserer Katze. Wenn Sie Katzen in Ruhe und sie ihr Ding machen lassen, sorgen Sie für Entspannung und Vertrauen bei den Tieren. Die Katzen merken, dass sie die Situation kontrollieren und wählen und entscheiden können, ob sie Kontakt möchten oder nicht.

Ignorieren ist für viele Besitzer anscheinend ein relativer Begriff, der Raum für Interpretationen lässt. Ignorieren ist gleichwohl äußerst simpel. Es bedeutet, dass Sie „so tun, als gäbe es die Katze nicht" oder schlichtweg „nichts tun". Also: nicht hinschauen, nicht sprechen, nicht rufen, nicht anlocken, nicht suchen, nicht berühren, nicht hochheben. Nichts tun, und vor allem nichts mit der Katze tun.

Wir unterscheiden zwei Arten des Ignorierens, die Sie als Besitzer anwenden können.

1. Passives Ignorieren

Passives Ignorieren bedeutet, dass Sie am selben Ort und in derselben Position bleiben, aber Ihre Aufmerksamkeit von der Katze abwenden, indem Sie beispielsweise woanders hinschauen oder sich abwenden. Doch was genau wollen wir passiv ignorieren? Nun, zuallererst die Anwesenheit der Katze. Doch außerdem auch jede Form von instinktivem natürlichem Verhalten. Einfacher gesagt – oder geschrieben – als getan.

Wenn Sie Ihrer Katze nicht in die Augen schauen können, dann tun Sie so, als ob sie nicht da sei. So einfach ist das! Wenn die Katze schläft, liegt sie dann z. B. unter oder hinter irgendetwas, in einem anderen Zimmer, oder Sie hat Ihnen ihren Rücken zugedreht? Alles Momente, in denen Sie ihr nicht in die Augen schauen können, sodass die Katze überzeugt ist, dass Sie sie nicht sehen und ihr nichts tun können. Ignorieren drückt in der Tierwelt Respekt aus, im Gegensatz zu unseren menschlichen Gewohnheiten und unserer Vorstellung von Höflichkeit.

Gleichermaßen ignorieren wir passiv auch jede Form eines natürlichen Verhaltens, wie zum Beispiel Entdecken, Fressen, Trinken, Jagen, Spielen, Gebrauch der Katzentoilette, Beobachten, Verstecken und Ähnliches. Auch dann tun Sie so, als sei die Katze nicht da. Sie braucht Sie in diesen von der Natur bestimmten Situationen nicht. Wenn wir sie stören, und das nicht einmal merken, sorgt das bei der Katze nur für Stress.

2. Aktives Ignorieren

Aktives Ignorieren bedeutet, ruhig aufzustehen und in ein anderes Zimmer zu gehen, um zum Beispiel einen frischen Kaffee zu holen oder zur Toilette zu gehen. Indem Sie sich selbst aus der Situation herausnehmen, ermöglichen Sie es der Katze, sich vollkommen zu entspannen.

Was ignorieren wir also ganz aktiv? Alle Formen von subtilem und von deutlich sichtbarem Stress. Egal, was Sie gerade machen, ob es mit der Katze zu tun hat oder nicht, stehen Sie einfach ruhig auf und gehen Sie. Ihre Katze wird sich sofort sehr erleichtert fühlen.

„Resozialisationstraining
wirkt Wunder bei Katzen,
die sich in unserer
Gesellschaft schwertun."

Anneleen Bru

ÄNGSTLICHE
KATZEN
RESOZIALISIEREN

Die Katze trainieren & entspannen lassen

In diesem Kapitel stellen wir Ihnen eine Trainingstechnik vor, ängstlichen Katzen zu zeigen, dass alles in Ordnung ist und dass sie entspannt bleiben können. Das funktioniert nicht von selbst, da wir und die Katze eine völlig andere Sprache sprechen. Im Laufe der Jahre setze ich immer stärker auf diese Trainingstechnik, da wir wirklich schöne Ergebnisse damit erzielen. Zumindest mit einer guten Portion Geduld.

Die Trainingseinheit wird in vier Schritten erklärt, wobei die ersten beiden sehr wirksame Trainingseinheiten sind und die anderen zwei sich gut ins Alltagsleben integrieren lassen. Wer Erfahrung mit dem Clickertraining hat, wird merken, dass diese Technik eine vereinfachte Version der klassischen operanten Konditionierung mit überzeugenden Ergebnissen ist.

Vorbereitung und Materialien

Wählen Sie etwas, das Ihre Katze besonders gern mag, wie Leckerlis, frisches Fleisch oder flüssige Snacks. Achten Sie darauf, dass Sie diese der Katze schnell und effizient geben können. Katzen nehmen beispielsweise ungern Leckerlis aus der Hand. Also legen Sie sie vor ihr hin und verwenden Sie für Nassfutter einen Löffel. Streicheln oder Sprechen sind für eine ängstliche Katze keine guten Belohnungen.

Wählen Sie für die Trainingseinheiten passende Orte und Zeiten, in denen sich die Katze wirklich rundum wohlfühlt. Sie müssen sich also dem Tempo der Katze anpassen. Sie brauchen zudem ein Geräusch, etwa ein kurzes doppeltes „Klack", das Sie mit Ihrer Zunge machen. Am besten eignet sich ein Geräusch, das die Katze nicht kennt und das Sie vorher noch nicht verwendet haben. Zudem ist es wichtig, dass die Katze sich nicht davor erschreckt.

Phase 1 – Klack = Belohnung

Wir machen das Geräusch zu einem sicheren Indikator für Katzenleckerlis, sodass das „Klacken" seinen Wert behält und etwas ist, das die Katze hören will und ihr ein gutes Gefühl vermittelt. Setzen Sie sich still und ruhig vor die Katze. Die Katze sollte nicht abgelenkt werden können. Dann klacken Sie mit der Zunge und geben der Katze ein Leckerli. Das einzige Verhalten, das die Katze zeigen soll, ist, einfach ruhig in Ihrer Nähe zu bleiben. So nimmt die Katze bewusst wahr, was passiert, und stellt fest, dass sie nach jedem „Klacken" ein Leckerli bekommt. Diesen Vorgang wiederholen Sie pro Trainingseinheit etwa 20-mal. Am besten, Sie trainieren ein- bis zweimal am Tag.

Nehmen Sie sich ruhig Zeit, damit die Katze eine positive Verbindung zwischen „Klacken" und Leckerli herstellen kann. Diesen Schritt 1 führen Sie mindestens eine Woche lang aus. In dieser Zeit testen Sie an allen Tagen, ob Sie bereits eine Reaktion bekommen, wenn die Katze kurz wegschaut und Sie das „Klack"-Geräusch machen. Blickt die Katze auf, auch wenn Sie noch nicht Ihre Hand bewegt haben, um ihr das Leckerli zu geben, dann wissen Sie, dass sie zu begreifen beginnt. Denken Sie daran, dass dies bei der Katze ein unbewusster Prozess ist, der Zeit erfordert! Und wir wollen ihn gründlich programmieren.

Phase 2 – Katze ist glücklich = Klack = Belohnung = Was du jetzt machst, ist toll!

Verteilen Sie einige Schälchen mit Katzenleckerlis im Haus, damit Sie sie immer schnell griffbereit haben. Sie haben zwischen dem „Klack"-Geräusch und dem Geben des Leckerlis inzwischen zwar etwas Zeit, da Sie intensiv daran gearbeitet haben, eine positive Assoziation herzustellen. Doch Sie sollten trotzdem darauf achten, dass die Leckerlischale nicht zu weit weg steht.

In Phase 2 belohnen Sie den ganzen Tag und überall im Haus gewünschtes Verhalten mit einem „Klack". Was ist gewünschtes Verhalten? Jede Verhaltensform, die Sie als Besitzer oder Pfleger zukünftig häufiger sehen wollen: wenn die Katze zu Ihnen kommt, sich ruhig verhält, wenn sie Sie ansieht, wenn sie mutig ins Haus kommt, zu Ihnen auf den Sessel springt, etc.

Wenn Sie das „Klack"-Geräusch in dem Moment machen, in dem die Katze das gewünschte Verhalten zeigt und Sie ihr dann ein Leckerli geben, dann sagen Sie eigentlich sehr deutlich: „Ja, gut so. Was du jetzt machst und wie du dich jetzt fühlst, ist genau das, was ich sehen möchte!" Und das ohne extra Worte.

So bringen Sie der Katze zuallererst bei, dass das Verhalten, das sie gerade zeigt, zu etwas führt, was ihr in der Zukunft häufiger passieren wird. Das nennt sich in der Theorie „Thorndike's Gesetz der Wirkung". Zweitens assoziieren Sie das glückliche und mutige Verhalten der Katze mit dem „Klack"-Geräusch (und der darauffolgenden Belohnung). Und das brauchen wir in der nächsten Phase und den nächsten Schritten noch.

Bauen Sie Phase 2 über den Tag verteilt immer dann ein, wenn die Katze gewünschtes Verhalten zeigt, und zwar über einen Zeitraum von drei bis vier Wochen, bis die Assoziation sich im Unterbewusstsein gefestigt hat.

Phase 3 – Beruhigen Sie Ihre Katze – „es gibt keine Gefahr"

Nun wird es spannend! Sie haben Ihrer Katze nun vier Wochen lang beigebracht, dass Sie ein „Klacken" hört und dann eine Belohnung erhält, wenn sie entspannt bleibt. Sie haben das Geräusch mit einem positiven Gefühl verbunden. Nun wollen wir das Gefühl bei der Katze immer in den Momenten stimulieren, in denen sie sich zu Unrecht nicht hundertprozentig wohlfühlt. So lernt Ihre Katze, dass sie sich sicher, geborgen und beruhigt fühlen kann, denn es gibt keine Gefahr.

Natürlich weiß Ihre Katze das noch nicht. Doch Sie werden sie dabei unterstützen, begleiten und trainieren. Hierbei ist es wichtig, in sehr kleinen Schritten vorzugehen und Ihr „Klack"-Geräusch nicht zu machen, wenn die Katze ernsthaft gestresst ist. Dann kann sie sich nämlich ganz sicher nicht Ihnen zuwenden, da sie mit zu viel Spannung und Stress zu kämpfen hat. Es geht in dieser Phase und bei diesem Schritt um subtile Stressmomente, in denen Ihre Katze sich unsicher fühlt. Achten Sie also auf subtile Stresssignale, über die wir im dritten Kapitel bereits gesprochen haben.

Wenn Ihre Katze also beispielsweise hereinkommt und subtilen Stress zeigt (etwa Schnurrhaare nach hinten gedrückt, Lecken mit der Zunge, zitterndes Fell, Schwanz auf den Boden gedrückt), dann machen Sie das „Klack"-Geräusch und warten auf eine positive Reaktion (z. B. dass der Schwanz nach oben geht, die Katze aufblickt und zu Ihnen kommt, sich ruhig hinsetzt, die Augen schließt und Ähnliches).
Es ist wichtig, dass die Katze nach Ihrem „Klacken" zuerst eine positive Reaktion zeigt und dass Sie erst dann die Leckerlis nehmen und Sie belohnen.

Wenn Sie diese Phase auf diese Weise ablaufen lassen, lösen Sie zwei Prozesse aus: Zum einen geben Sie der Katze in diesem unsicheren Moment in einer für sie verständlichen Sprache zu erkennen: „Alles ist in Ordnung, du kannst dich entspannen, du bist sicher". Und das muss auch wirklich stimmen! Sie dürfen das „Klack"-Geräusch wirklich nur dann machen, wenn keine Gefahr (Besuch, andere Katzen, Staubsauger, Fellbürste und Ähnliches) besteht.

Zum anderen lernt die Katze, sich zu entspannen, wenn Sie das „Klack"-Geräusch machen, da sie sich dann vollkommen sicher fühlen kann. Da die Katze so zur Ruhe kommt, kann sie ihre Umgebung und das Gefühl, in Sicherheit zu sein, viel besser begreifen. Das „Klack"-Geräusch dient hier quasi als eine Art Kommando. Eigentlich ist das in einer fortgeschrittenen Trainingssituation nicht das, was wir wollen, aber bei dieser einfachen Technik ist es akzeptabel.

Phase 4 – Der Katze beibringen, dass Gefahr in Ordnung ist

Dies ist bereits eine Phase für Fortgeschrittene und nicht jeder muss bis hierhin weitermachen. Hier vermitteln Sie Ihrer Katze, dass alles, was sie beobachtet und ihr unheimlich ist (Besuch, eine andere Katze, ein neues Sofa, der Staubsauger und Ähnliches) eigentlich völlig in Ordnung und ungefährlich ist.

Die Katze wird sich unbehaglich fühlen, wenn sie näherkommt und beobachtet. Sie machen dann das „Klack"-Geräusch, warten auf eine positive Verhaltensänderung und geben ihr ein Leckerli, genau wie in der vorherigen Phase. Es ist auch hier wichtig, dass die unheimliche Situation oder der Reiz nicht invasiv, also nicht so stark ist! Ein Hund oder ein Kleinkind, die auf die Katze zulaufen, oder eine Feier mit vielen Menschen, das werden Sie der Katze wohl nie als „völlig in Ordnung" verkaufen können. In so einer Situation wird sich Ihre Katze wohl niemals wohlfühlen.

Beginnen Sie also mit einer inszenierten Situation, in der Sie zum Beispiel eine Freundin zu Besuch haben, die Sie bitten, die Katze zu ignorieren, damit Sie Ihre Technik anwenden können. Wenn das gut geht, dann bitten Sie Ihre Freundin beim nächsten Mal, leise mit der Katze zu sprechen, während Sie wieder Ihre Technik anwenden. So bauen Sie das Ganze schrittweise auf – zuerst die Katze ansprechen und dann ruhig eine Hand ausstrecken und die Katze von sich aus näherkommen und schnuppern lassen, später dann die Katze berühren, mit ihr spielen und so weiter. Achten Sie darauf, nur in kleinen Schritten vorzugehen und die Phase langsam auszubauen!

Ihre Katze bekommt so Gelegenheit, mit einem Erfolgserlebnis eigene Erfahrungen zu machen. Durch diese Technik wird die Katze widerstandsfähiger, und auch außerhalb des Trainings wird sie sich in ihrer Umgebung mit allen dort vorkommenden Reizen besser und selbstsicherer fühlen. Viel Erfolg!

Nachwort der Autorin

Endlich ist das Buch fertig. Hier noch einige Nachbetrachtungen aus dem Bauch heraus.

Ich hoffe, dass ich Sie inspirieren konnte, um Ihre Katzen von nun an mit anderen Augen zu sehen. Nicht beunruhigt oder voller Panik, sondern mit größerem Selbstvertrauen und mit dem unbedingten Wunsch, sie und sich glücklicher zu machen. Denn darum geht es schließlich.

Seit Beginn meiner Karriere (und ich hatte das Glück, früh zu beginnen) faszinieren mich Katzen enorm.
Vor allem die Frage, wie es der Katze, mit all ihren vorprogrammierten Ur-Instinkten, trotz allem gelingt, sich in einer künstlichen menschlichen Umgebung als beliebtestes Haustier des 21. Jahrhunderts zu etablieren. Die Videos auf YouTube lügen nicht. Was finden wir an Katzen so anziehend?

Vielleicht wollen wir wie Katzen sein? Elegant, unabhängig, resolut, gleichmütig, opportunistisch, im Augenblick lebend und ihn genießend? Ohne etwas zu verändern? Zufrieden sein mit dem, was wir haben, und vor allem, nicht immer lauthals über die kleinen Sorgen klagen?

Katzen sind für mich ohne Zweifel Seelenverwandte, Lehrmeister des Lebens, die einem durch ihr Verhalten zeigen, was wirklich wichtig ist, und zeigen, was man machen muss, um wieder zu sich selbst zu finden.

Tiere sind immer Spiegel, sie spiegeln unsere tief verwurzelten Emotionen und Wünsche wider.

Was wir von ihnen lernen können? Immer bereit sein, zu spielen, wie kindisch und klein das Spiel auch sein mag. Und sich nicht von dem beeinflussen lassen, was andere von uns denken.

Und ganz pragmatisch all dem gegenüberstehen, das nicht wichtig ist, und sich nicht alles gleich zu sehr zu Herzen zu nehmen.

Ihr unglaubliches Anpassungsvermögen an ihre Umgebung und ihre Flexibilität (sowohl körperlich als auch geistig) kann uns inspirieren, uns mehr mit unserer eigenen Gesundheit zu beschäftigen. Dass wir auf eine gesunde Ernährung, ausreichend Bewegung und vor allem aufs Spielen, Spielen und nochmals Spielen achten müssen. Dass wir ausreichend Ruhe finden und die sonnigen Augenblicke genießen müssen.

Die Katze ist der geborene Entdecker mit einem ansteckenden Erkundungsdrang, sich jeden Tag wieder aufzumachen, alles genau zu erforschen. Sie lehrt uns, dass es in Ordnung ist, nach dem zu streben, an das man glaubt und nach dem man sich sehnt.

Vieles von der Theorie über das geistige, physische und emotionale Wohlbefinden der Tiere gilt auch für uns Menschen. Und ich treffe auf viele Katzenfreunde, die die Informationen, die sie über ihre Katzen bekommen, auch auf sich selbst anwenden und dadurch glücklicher werden.

Ich hoffe, dass dieses Buch dazu beträgt, eine optimale Beziehung mit Ihrer Katze aufzubauen, und mit allen Katzen, die Sie noch in Ihrer nunmehr perfekt angepassten Wohnung willkommen heißen werden.

Herzlichst, Anneleen

Über die Autorin

Anneleen Bru (geb. 1985) adoptierte mit 17 Jahren ihre erste Katze, Madeleine, eine Heilige Birma. Wusste sie damals schon, dass dies der Beginn eines großen Abenteuers werden würde? Als sie später ihr Examensthema im Studiengang „Kommunikationswissenschaften" an der Universität Antwerpen wählen musste, entschied sie sich nur zu gern für das Thema „Kommunikation bei Katzen" und erfuhr dabei, dass jedes Jahr viele Katzen wegen versteckter Verhaltensauffälligkeiten in Tierheimen landeten.

So kam Anneleen nach Southampton (GB), wo sie drei Jahre lang ein Master-Studium in Companion Animal Counselling absolvierte und die erste universitär ausgebildete, nicht-tierärztliche Verhaltenstherapeutin für Katzen Flanderns wurde.

Mit der Gründung von Felinova im Jahr 2008 nahm das Ganze Fahrt auf und den Beratungen folgten schnell Vorlesungen und Fortbildungen zum Katzenverhalten für Liebhaber und Fachleute. Das Feedback war einstimmig: „Sie kann es so fesselnd und voller Begeisterung erklären, mit so viel Humor." Die Leute hingen an ihren Lippen, wenn Anneleen zu erzählen begann, und schnell merkte sie, dass dies der richtige Ansatz war, um mehr Katzenbesitzern etwas über das Wohlbefinden ihrer Lieblinge zu erzählen und sie davon zu überzeugen, ihre Katze auf andere Weise zu behandeln.

Neben dem Interesse an Hauskatzen führte Anneleens Weg sie bis nach Kenia, wo sie an einer Studie zum Sozialverhalten von Giraffen mitarbeitete. Durch einen Vortrag zum Trainieren von Giraffen auf einem internationalen Giraffenkongress in San Francisco kam sie mit der Welt der Zoos in Berührung. Hier arbeitet sie in enger Zusammenarbeit intensiv mit Tierpflegern und deren großartigen Tieren, u.a. bereits mit Löwen, Mandrills, Bongos, Tapiren, Nilpferden, Giraffen, Baumstachler, Jaguaren, Amur-

leoparden, Roten Varis und Klammeraffen. Dieses Abenteuer resultierte in zwei Staffeln der Fernsehserie „Der Zoo hinter den Kulissen" des belgischen Fernsehens.

Anneleen ist als Katzenexpertin regelmäßig zu Gast in zahlreichen Fernseh- und Radiosendungen und schreibt unter anderem für *Story* eine Katzenkolumne.

Neben der Verhaltensveränderung bei Tieren ist es Anneleens zweite große Leidenschaft, Menschen zusammenzubringen und sie zu coachen, um diese Branche weiter auszubauen. Ihr berühmter Katzenkongress „Poes Café", der jedes Jahr im November stattfindet, wurde 2018 bereits zum sechsten Mal organisiert. Dabei hatte sich die Teilnehmerzahl im Vergleich zu den früheren Jahren bereits verdoppelt. Katzenbesitzer und -fachleute kommen von weit her, um sich Beiträge nationaler und internationaler Referenten zum Thema Verhalten und Wohlbefinden von Katzen anzuhören. 2015 startete sie mit dem „Felinova Cat Coach©"-Diplom eine intensive berufliche Fortbildung für Fachleute, die mit Katzen arbeiten und alle Facetten der Katzen verstehen wollen, um ihre Kunden noch tatkräftiger unterstützen zu können. Inzwischen haben bereits 25 Coaches ihre Ausbildung abgeschlossen. „Zusammen sind wir stark", davon ist Anneleen zutiefst überzeugt.

Und nun geht der ultimative Traum in Erfüllung: das erste Buch. Mit diesem Buch hofft Anneleen, noch mehr Menschen zu erreichen, um ihnen noch größere Einblicke in das Verhalten von Katzen zu geben, und auf diese Weise den Katzen ein besseres Leben zu ermöglichen.

Checkliste für eine glückliche Katze

- ☐ MEINE KATZE HAT FRESS- UND TRINKSCHÄLCHEN, DIE WEIT AUSEINANDER STEHEN
- ☐ MEINE KATZE HAT MINDESTENS ZWEI FRESSPLÄTZE
- ☐ MEINE KATZE HAT MINDESTENS ZWEI TRINKPLÄTZE
- ☐ MEINE KATZE HAT MINDESTENS ZWEI TOILETTEN
- ☐ MEINE KATZE HAT EINE TOILETTE, DIE OPTIMAL IHREN BEDÜRFNISSEN ENTSPRICHT IN GRÖSSE, FORM, SAND, ORT, SAUBERKEIT ETC.
- ☐ MEINE KATZE HAT IMMER DIE WAHL WEGZUGEHEN
- ☐ MEINE KATZE KANN SICH VERSTECKEN, WENN SIE MÖCHTE
- ☐ MEINE KATZE HAT IMMER ZUGANG ZU ALLEN RÄUMEN DES HAUSES
- ☐ MEINE KATZE WIRD NICHT HOCHGEHOBEN
- ☐ MEINE KATZE WIRD NUR GESTREICHELT, WENN SIE VON SICH AUS KOMMT
- ☐ MEINE KATZE WIRD NICHT VON AUSSENKATZEN BELÄSTIGT (PHYSISCH ODER VISUELL)
- ☐ MEINE KATZE HAT VERSTECKE IN DER HÖHE ODER IN DURCHGÄNGEN, DIESE ORTE SIND IMMER FÜR SIE ZUGÄNGLICH
- ☐ MEINE KATZE KANN IN DIE HÖHE, WANN IMMER SIE MÖCHTE
- ☐ MEINE KATZE WIRD NICHT INVASIV BESTRAFT (ÜBER DIE SIE KEINE KONTROLLE HAT UND GEGEN DIE SIE EINE SCHRECKREAKTION ZEIGT)
- ☐ MEINE KATZE BEKOMMT VERSTÄNDNIS FÜR IHRE GEDÜRFNISSE
- ☐ MEINE KATZE SIEHT MINDESTENS EINMAL IM JAHR DEN TIERARZT
- ☐ MEINE KATZE WIRD IM AUGE BEHALTEN ZUR FRÜHZEITIGEN ERKENNUNG VON SCHMERZ UND VERHALTENSVERÄNDERUNGEN
- ☐ MEINE KATZE KANN IMMER ERST AN MEINER HAND RIECHEN, BEVOR ICH SIE BERÜHRE